Einzelkonstruktionen aus dem **Maschinenbau**

Herausgegeben von Ingenieur C. Volk-Berlin □ ⧄ □ □ Viertes Heft

Die Kugellager

und ihre Verwendung im Maschinenbau

von

Werner Ahrens

Winterthur

Mit 134 Textfiguren

Berlin

Verlag von Julius Springer

1913

ISBN-13: 978-3-642-89498-5   e-ISBN-13: 978-3-642-91354-9
DOI: 10.1007/978-3-642-91354-9

Vorwort.

Die vorliegende Arbeit soll eine möglichst abgeschlossene Behandlung aller für die Konstruktion von Kugellagern in Frage kommenden Punkte umfassen, und zwar unter vorwiegender Berücksichtigung der Anwendungsgebiete des Maschinenbaues. Der Einbau von Kugellagern in Automobile ist nur kurz erwähnt, da er eng mit dem Automobilbau verwachsen und infolgedessen in der Literatur des Automobilbaues bereits gründlich behandelt ist. Im übrigen ist der Gesichtspunkt maßgebend gewesen, nicht nur den Bau der eigentlichen Kugellager zu behandeln, sondern auch so weit auf die verschiedenen Anwendungsgebiete einzugehen, als für die Auswahl, Dimensionierung und Wartung der Kugellager sowie für die Gestaltung der Gehäuse und angrenzenden Maschinenteile erforderlich ist. Da sich die interessierten Kreise vorwiegend in zwei Gruppen scheiden — eine kleinere, die Kugellager herstellt, und eine größere, die sie für ihre Maschinen verwenden will — war es schwer, die Grenze für die Auswahl des Stoffes zu ziehen. Daß sich die Arbeit vorwiegend an die letztere, größere Gruppe richtet, ist naheliegend, und aus diesem Grunde ist dem letzten Abschnitt auch ein verhältnismäßig großer Umfang eingeräumt. Für die Bearbeitung des letzten Abschnittes ergaben sich jedoch wegen der Verschiedenartigkeit der behandelten Gebiete wesentliche Schwierigkeiten. Die Kugellagerindustrie, die die Arbeit nach Kräften unterstützte, trat für die Beschaffung genauer Werkstattzeichnungen ausgeführter Gehäuse in den Hintergrund, während von den einzelnen Spezialfabriken zum Teil nur sehr schwer geeignetes Material zu gewinnen war. Wenn diese Schwierigkeiten auch nicht völlig überwunden werden konnten, so hofft der Verfasser doch, daß es ihm auf Grund seiner längeren Tätigkeit in der Kugellagerindustrie einigermaßen gelungen ist, das umfassende Gebiet durch eine Reihe ausgewählter Beispiele zu kennzeichnen. Ausführungen, die nur historische oder patenttechnische Bedeutung haben (z. B. Erwähnung der mannigfachen Formen von Laufrillen, Käfigen, Einfüllöffnungen u. a.), sind in dieser Arbeit ganz unberücksichtigt geblieben.

Aus den vorzüglichen Veröffentlichungen Stribecks über seine Forschungsarbeiten sind im Interesse einer leichten Übersichtlichkeit, sowie mit Rücksicht auf die Platzbeschränkung nur die wichtigsten Ergebnisse angeführt.

An dieser Stelle sei auch allen Firmen, die die Arbeit durch Überlassung von Konstruktionszeichnungen oder sonstigen Materials unterstützten, verbindlichst gedankt. Desgleichen danke ich dem Herrn Dipl.-Ing. Vorwerk, Oberlehrer an den Königl. Vereinigten Maschinenbauschulen, Elberfeld, für seine freundliche Mitwirkung an dem die Herstellung der Kugellager betreffenden Teil. Nicht minder fühle ich mich dem Herausgeber der Sammlung, Herrn Direktor Volk, für rege Beteiligung, von der insbesondere der erste und letzte Abschnitt wesentlichen Gewinn gehabt haben, zu lebhaftem Dank verpflichtet.

Winterthur, im November 1913.

Werner Ahrens.

Inhaltsverzeichnis.

Einleitung.

Unter einem Kugellager verstehen wir ein Maschinenelement, das die Drehung eines Körpers um eine Achse durch die Vermittlung rollender Tragkugeln, unter möglichster Ausschaltung gleitender Reibung, gestattet. Eine wesentliche Eigenschaft des Kugellagers ist also, daß sich der drehbare Maschinenteil und der relativ stillstehende nicht berühren, sondern daß die Lagerdrücke vielmehr nur durch Tragkugeln übertragen werden. Wesentlich ist ferner, daß sich die Kugeln, deren Mittelpunkte während des Laufens eine Kreisbahn beschreiben, auf ihren Laufbahnen möglichst vollkommen abrollen.

Das Prinzip des Kugellagers ist seit außerordentlich langer Zeit bekannt; seine Entwicklungsperiode beginnt jedoch erst mit der Entwicklung der Fahrradindustrie. Die allgemeine Verbreitung des Fahrrades war nur möglich unter der Voraussetzung, daß die menschliche Energie zum Antrieb ausreicht. Um dieses Ziel zu erreichen, war die Verwendung des Kugellagers, das bald darauf im Automobilbau eine nicht minder wichtige Rolle spielen sollte, von außerordentlichem Vorteil.

Durch die Entwicklung des Fahrrad- und des Automobilbaues wuchs der Bedarf so bedeutend, daß eine eigene Kugellager-Industrie entstand, die das neue Maschinenelement in großen Mengen als Präzisionsarbeit auf den Markt brachte und nach und nach auch für andere Verwendungsgebiete einzuführen vermochte.

Die Vorbedingung für die Fabrikation brauchbarer Lager war, eine Klärung in bezug auf die Kraft- und Bewegungsverhältnisse zu schaffen, sowie hinreichende Erfahrungen über das Verhalten der Kugellager im Betrieb zu sammeln. Im Auftrage der Deutschen Waffen- und Munitionsfabriken, Berlin, nahm Professor Stribeck, als Direktor der wissenschaftlich-technischen Versuchsanstalt zu Neu-Babelsberg, im Jahre 1898 umfangreiche Forschungsarbeiten in Angriff, die über alle diejenigen Punkte, die im Laboratorium geklärt werden können, Licht verbreiteten[1]). Die Formgebung der Kugellaufbahn, die Reibungsverhältnisse, die zulässigen Belastungen, das Verhalten der Materialien wurden durch diese Versuche bestimmt. Das Verhalten der Kugellager im Dauerbetrieb ergründeten die Deutschen Waffen- und Munitionsfabriken durch eine große Zahl von Laufversuchen, die sie in ihren eigenen Versuchsräumen anstellten.

Die Kugellager-Industrie hat inzwischen bedeutend an Umfang zugenommen, allein Deutschland zählt eine ganze Anzahl von Kugellagerfabriken (Deutsche Waffen- und Munitionsfabriken, Berlin; Fichtel & Sachs, Schweinfurt; Maschinenfabrik Rheinland, Düsseldorf; Deutsche Kugellagerfabrik, Leipzig; Norma-Co., Cannstatt; Kugelfabrik Fischer, Schweinfurt; Riebe-Kugellager- und Werkzeug-

---

[1]) Prof. R. Stribeck, Kugellager für beliebige Belastungen. Z. Ver. deutsch. Ing. 1901, S. 73 u. f. Die wesentlichsten Eigenschaften der Gleit- und Rollenlager. Z. Ver. deutsch. Ing. 1902, S. 1341 u. f. Prüfverfahren für gehärteten Stahl unter Berücksichtigung der Kugelformen. Z. Ver. deutsch. Ing. 1907, S. 1445 u. f.

fabrik, Berlin; Berliner Kugellagerfabrik usw.). Die Tagesproduktion der genannten Firmen dürfte derzeit 40 000 Kugellager und die Zahl ihrer Arbeiter 6000 übersteigen. Dazu kommt eine Reihe kleinerer Firmen sowie Werke, welche Teilerzeugnisse (Kugeln, Käfige, Kugellagergehäuse und Kugellagermaterialien) liefern.

Die Entwicklungsepoche des eigentlichen Kugellagers (Laufringsystem) darf als abgeschlossen angesehen werden; nur neue Verwendungsgebiete, neue Speziallager, neue Fabrikationsmethoden wird uns die Zukunft wahrscheinlich bringen[1]).

I. Die Stribeckschen Untersuchungen von gehärtetem Stahl unter Berücksichtigung der Kugelform.

Die Abhandlungen, die Prof. Stribeck in den Jahren 1901 bis 1907 in der Z. Ver. deutsch. Ing. veröffentlicht hat und die in der Zentralstelle für wissenschaftlich-technische Untersuchungen in Neu-Babelsberg durchgeführten umfangreichen Versuche sind auch noch heute für die Berechnung und Beurteilung von Kugellagern maßgebend. Die nachfolgenden Ausführungen sind daher den hierher gehörigen grundlegenden Arbeiten zum Teil wörtlich entnommen[2]).

Die Aufgabe, die Verwendbarkeit der Kugellager zu untersuchen, ist eine doppelte: einerseits sind die Kugeln und Laufringe auf ihre Güte zu prüfen, anderseits ist ihre zulässige Belastung im Kugellager zu ermitteln.

Es sollen zunächst die von Stribeck ausgearbeiteten Prüfverfahren für Kugelstahl geschildert und dann eine kurze Zusammenstellung seiner Untersuchungen über Kugellager gegeben werden.

1. Gehärtete Kugeln zwischen Kugeln gleicher Größe.

Zur Ermittlung der Bruchfestigkeit dient die in Fig. 1 dargestellte Einrichtung. In einem kräftigen Bügel befinden sich zwei gehärtete Stahlstempel, zwischen denen drei Kugeln frei übereinanderstehend eingebaut werden. Die Lage der beiden äußeren Kugeln ist durch kleine kegelförmige Vertiefungen bestimmt. Die beschriebene Vorrichtung wird in eine Druckpresse eingesetzt. Bei der Belastung bricht in den meisten Fällen die mittlere Kugel diametral durch. Ein bemerkenswertes Ergebnis ist, daß eine bedeutend geringere ($^3/_4$ bis $^1/_2$ so große) Bruchlast erforderlich ist, wenn nicht ein allmählich wachsender Druck zur Anwendung kommt, sondern wenn während des Versuches öfter entlastet und wieder belastet wird. Man unterscheidet daher eine obere und eine untere Bruchgrenze.

Bei den Bruchversuchen ist insbesondere das Aussehen der Bruchfläche von Wichtigkeit, da es vielfach bereits darüber Aufschluß gibt, ob die Kugel beim Härten richtig behandelt wurde und ob sich die Härtung durch das ganze Innere der Kugel erstreckt.

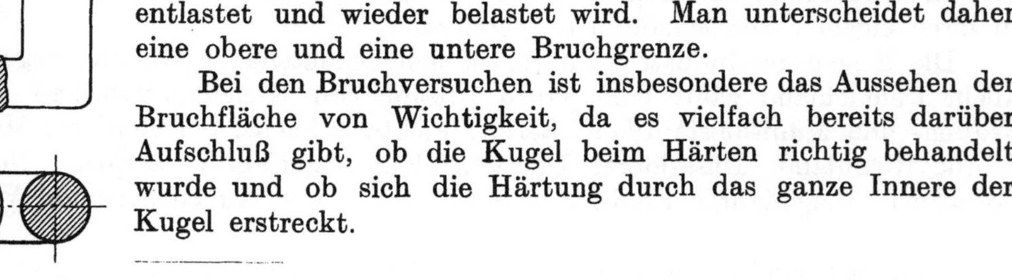

Fig. 1.

<hr>

[1]) Siehe auch: P. Brühl, Die Geschichte des modernen Kugellagers. Z. Ver. deutsch. Ing. 1909, S. 1844 u. f.

[2]) Siehe auch: Dr. Schwinning, Versuche über die zulässige Belastung von Kugeln und Kugellagern. Z. Verein. deutsch. Ing. 1901, S. 332.

Die Bruchfestigkeit selbst ist für die Beurteilung der Güte der Kugel erst in zweiter Linie maßgebend, denn die Kugeln werden in den Lagern zumeist nicht durch Bruch, sondern durch das Ausspringen kleiner Stücke zerstört. Es ist wichtiger, die Belastung zu bestimmen, bei der der erste Sprung auftritt. Der erste Sprung ist ein die Druckfläche umgebender Kreis, der bereits bei Belastungen auftritt, die oft nur einen kleinen Teil der Bruchlast betragen. Der Kreissprung, der eine sehr geringe Tiefe besitzt, ist meist weder mit dem freien Auge, noch mit dem Mikroskop ohne weiteres sichtbar; man kann ihn erst nachweisen, wenn man die Kugel mit verdünnter Salzsäure ätzt. Die Höhe der Sprunglast gibt also über den Zustand der äußeren Material-schicht Aufschluß.

Die Formänderungsarbeit bis zum Eintritt des ersten Sprunges ist ein Maß für die Zähigkeit des Materials. Aus der Prüfung von vielen tausend Kugeln, die im Laufe mehrere Jahre in der Zentralstelle Neu-Babelsberg untersucht worden sind, hat sich ergeben, daß die Bruchlasten (Bruchgrenze) und die Sprung-lasten (Belastungen beim Auftreten des ersten Kreissprunges) dem Quadrat des Kugeldurchmessers d proportional sind.

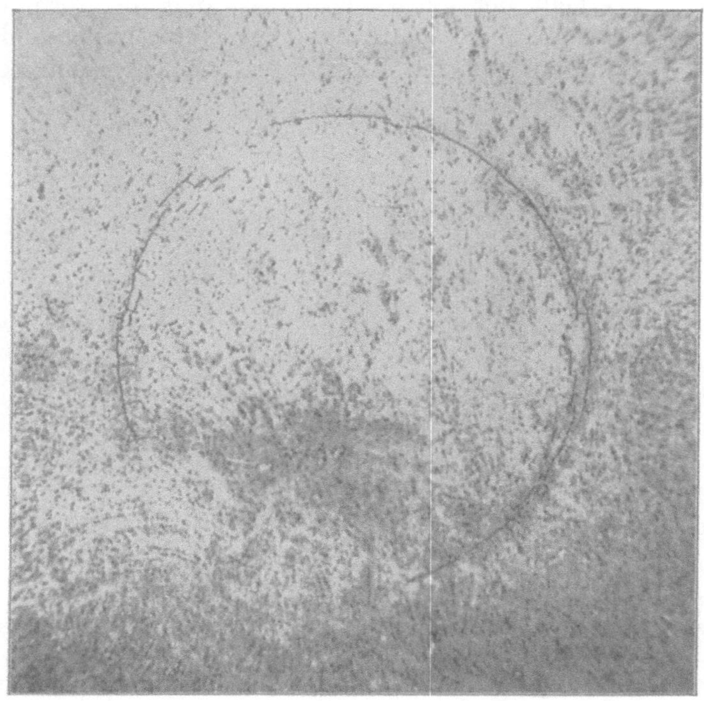

Fig. 2. Sprungbild einer ebenen Platte, gegen die eine $^5/_8{''}$ Kugel mit $3500\,d^2$ kg gedrückt worden ist. 15 fache Vergrößerung.

Für den vorstehenden Belastungsfall ist die obere Bruchgrenze guter, durch-gehärteter Kugeln $7000\,d^2$ kg (d in cm). Kugeln mit $5000\,d^2$ oberer Bruchgrenze sind noch als befriedigend zu bezeichnen. Die Kreissprunglast soll für geschliffene Kugeln $500\,d^2$ kg betragen[1]).

---

[1]) Der Kugeldurchmesser wird in cm oder — da zur Zeit der Stribeckschen Untersuchungen und während des Beginns der Kugellagerindustrie Kugeln lediglich nach dem Zollsystem hergestellt wurden — in $^1/_8{''}$ eingesetzt. $(^1/_8{''})^2 = (0,3175\ \text{cm})^2 \sim 0,1\ \text{cm}^2$. Eine Bruchlast von $7000\,d^2$ kg (d in cm) entspricht daher einer Bruchlast $700\,d^2$ kg (d in $^1/_8{''}$).

Der Wert 500, der der auf die Einheit des Durchmesserquadrates entfallenden Last entspricht, wird spezifische Sprunglast genannt.

Ebenso sind 7000 und 5000 die spezifischen Bruchlasten.

2. Druckproben von Kugeln zwischen ebenen Platten oder hohlkugeligen Stempeln.

Stribeck hat auch Kugeln zwischen ebenen Platten und zwischen Stempeln mit hohlkugeligen Druckflächen zerdrückt. Fig. 2 zeigt das Sprungbild einer Platte.

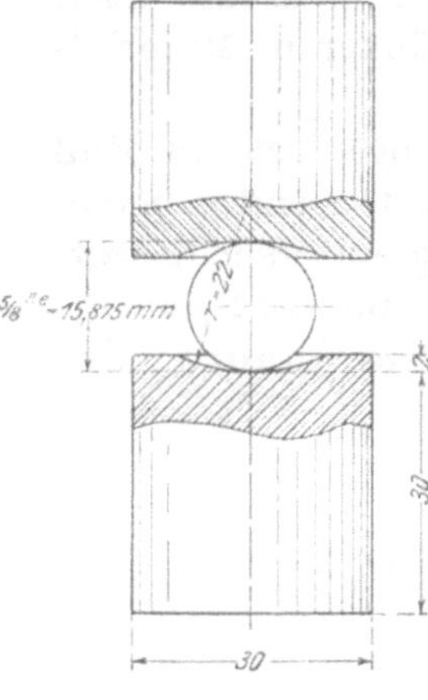

Fig. 3.

Die obere Bruchgrenze der Kugel ergab sich bei Kugel zwischen Platten rund 1,55 mal so groß · als bei Kugel zwischen Kugeln. Bei Druckversuchen zwischen Stempeln nach Fig. 3 war die obere Bruchgrenze $13000\,d^2$ kg. Kugeln der gleichen Fertigung brachen, zwischen gleichgroßen Kugeln zerdrückt (nach Fig. 1), durchschnittlich bei $6650\,d^2$ kg.

Auch die Sprungbildung ist eine andere. Aus Fig. 4 geht hervor, daß zunächst nur ein Meridiansprung auftritt, erst bei höheren Belastungen entsteht der Kreissprung. Die Sprunglast nähert sich der unteren Bruchgrenze. Daraus erhellt der große Einfluß, den die Form der Druckfläche ausübt. Diese Erscheinung verdient besondere Beachtung, da auch in den Kugellagern eine „Anschmiegung" der Rille an die Kugel stattfindet.

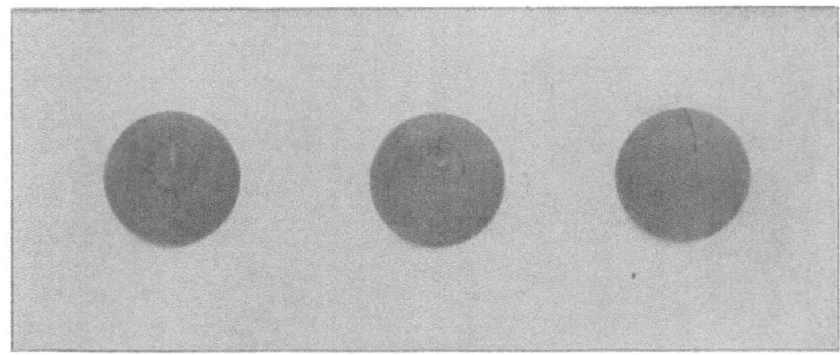

Fig. 4. $^5/_8''$ Kugeln, zwischen hohlkugeligen Stempeln 15 mal belastet und entlastet mit
$4200\ d^2$ kg $5200\ d^2$ kg $6000\ d^2$ kg.

3. Pressung zwischen den Druckflächen und zulässige Belastung.

Neben der Ermittlung der Sprung- und Bruchlast kommt als zweites wichtiges Prüfverfahren die Bestimmung der zwischen den Druckflächen auftretenden Pressung in Betracht. Die hierher gehörigen grundlegenden theoretischen Ableitungen sind enthalten in der Arbeit von Heinrich Hertz: Über die Berührung elastischer Körper[1]. Unter bestimmten Voraussetzungen (berührende Oberflächen klein und völlig glatt, Körper homogen, Proportionalitätsgrenze nicht überschritten usw.) bestehen nach Hertz die folgenden Beziehungen:

1. Werden zwei Kugeln von den Halbmessern r_1 und r_2 und vom Dehnungskoeffizienten α mit P kg gegeneinander gedrückt, so entsteht an der Berührungsstelle eine Abplattung vom Halbmesser

---

[1] Siehe Hertz, Gesammelte Werke, Bd. I, S. 155 u. f. und Föppl, Vorlesungen über Technische Mechanik, Bd. V.

$$\varrho = 1{,}11 \sqrt[3]{P \cdot \alpha \cdot \frac{r_1 \cdot r_2}{r_1 + r_2}}$$

und vom Flächeninhalt $f\,\mathrm{cm}^2$.

2. Die mittlere Pressung p (kg auf 1 cm²) zwischen den Druckflächen beträgt beim Druck P und der Druckfläche f:

$$p = \frac{P}{f} = \frac{2}{3} \cdot 0{,}388 \sqrt[3]{\frac{P}{\alpha^2}\left(\frac{r_1 + r_2}{r_1 \cdot r_2}\right)^2}.$$

Die größte Pressung p_0, die in der Mitte der kreisförmigen Druckfläche auftritt, ist 1,5 mal so groß.

3. Die Annäherung (Zusammendrückung) der beiden Kugeln folgt aus

$$\frac{\delta}{2} = 1{,}23 \sqrt[3]{P^2 \cdot \alpha^2 \cdot \frac{r_1 + r_2}{r_1 \cdot r_2}},$$

Die unter 2 angegebene Gleichung läßt sich, wenn d_1 und d_2 die Kugeldurchmesser sind, auch in folgender Form schreiben:

$$p = \frac{2}{3} \cdot 0{,}388 \sqrt[3]{\frac{4}{\alpha^2} P \cdot \left(\frac{1}{d_1} + \frac{1}{d_2}\right)^2},$$

oder

$$P\left(\frac{1}{d_1} + \frac{1}{d_2}\right)^2 = \left(\frac{3}{2} \cdot \frac{p}{0{,}388}\right)^3 \cdot \left(\frac{\alpha}{2}\right)^2 \sim 14{,}4\, p^3\, \alpha^2.$$

Für den Fall gleich großer Kugeln wird

$$d_1 = d_2 = d$$

und

$$\frac{4\,P}{d^2} = 14{,}4\, p^3\, \alpha^2 \ . \ . \ . \ . \ . \ . \ . \ . \ . \ . \ . \ . \ . \ . \quad \text{(a)}$$

Für den Fall, daß eine Kugel zwischen ebenen Platten gepreßt wird, ist

$$\frac{1}{d_2} = \frac{1}{\infty} = 0.$$

Mit $d_1 = d$ wird dann

$$\frac{P}{d^2} = 14{,}4\, p^3\, \alpha^2 \ . \ . \ . \ . \ . \ . \ . \ . \ . \ . \ . \ . \quad \text{(b)}$$

Wird endlich eine Kugel zwischen Stempeln mit hohlkugeligen Druckflächen gedrückt, so ist d_2 negativ einzusetzen. Für $d_2 = 2\,d_1 = 2\,d$ wird in diesem Falle

$$\frac{P}{4\,d^2} = 14{,}4\, p^3\, \alpha^2 \ . \ . \ . \ . \ . \ . \ . \ . \ . \ . \ . \ . \quad \text{(c)}$$

Soll in allen 3 Fällen die gleiche Pressung p in den Berührungsflächen entstehen, so muß für den Fall b (Kugel gegen Platte) die Belastung 4 mal und für den Fall c (Kugel gegen Hohlkugel vom Durchm. $2d$) 16 mal so groß gewählt werden als in Fall a (Kugel gegen gleichgroße Kugel).

Um die verschiedenen bei Kugellagern vorkommenden Fälle besser miteinander vergleichen zu können, hat Stribeck den Begriff der Anschmiegung eingeführt. Setzt man $d_2 = \varphi\, d_1$, so wird

$$P \cdot \left(\frac{1}{d_1} + \frac{1}{d_2}\right)^2 = \frac{P}{\left(\dfrac{\varphi}{\varphi + 1}\, d_1\right)^2} = \frac{P}{(\sigma\, d_1)^2} = \frac{P}{d_r^2} = 14{,}4\, p^3\, \alpha^2 \ . \ . \ . \ . \quad \text{(d)}$$

Die linke Seite der allgemeinen Gl. (d) entspricht dann im Aufbau dem Sonderfall b, auf den sich also die anderen Belastungsfälle zurückführen lassen.

$$\sigma^2 = \left(\frac{\varphi}{\varphi + 1}\right)^2$$

wird **Anschmiegungsfaktor** genannt,

$$(\sigma d_1)^2 = d_r{}^2$$

als **Maß der Anschmiegung** bezeichnet.

Drei Fälle, für die die Anschmiegungen gleich sind, die also bei gleicher Belastung gleiche Pressungen p ergeben, veranschaulicht Fig. 5. Der Anschmiegungsfaktor ist dabei der Reihe nach $^1/_4$, 1 und 2,52. Den Einfluß des Anschmiegungsfaktors auf die obere Bruchgrenze läßt Fig. 6 erkennen.

Je härter die Kugeln sind, um so kleiner wird der Inhalt f der Druckfläche und um so größer wird die einer bestimmten Belastung P entsprechende Flächenpressung $p = \dfrac{P}{f}$.

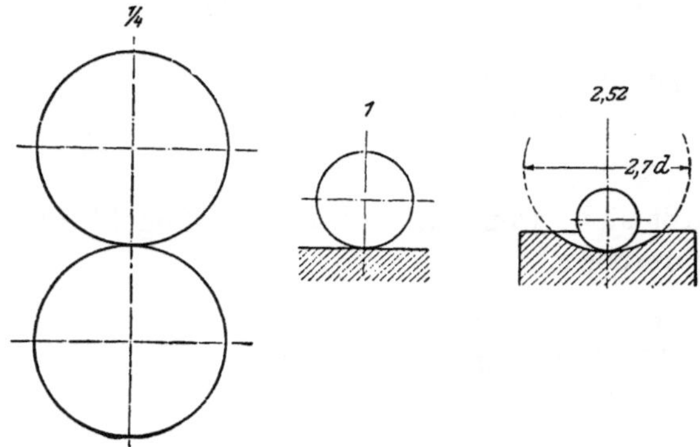

Fig. 5

Die einer bestimmten Belastung entsprechende Pressung kann daher als Maßstab für die Härte des Kugelstahles dienen. Nach dem Vorschlag von **Stribeck** bezeichnet man die einer Belastung von $500\,d^2$ kg (Kugel gegen Kugel) oder $2000\,d^2$ kg (Kugel gegen ebene Platte) entsprechende mittlere Pressung p (in kg/mm²) als **Druckhärte** oder **Härteziffer**[1].

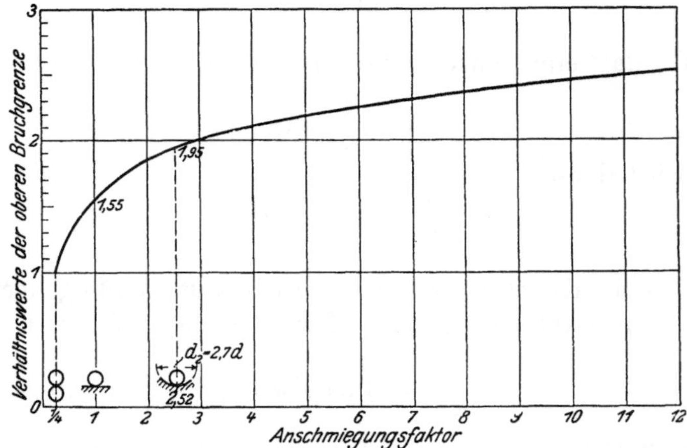

Fig. 6. Abhängigkeit der Bruchgrenze vom Anschmiegungsfaktor.

Für Kugeln aus Chromstahl ist je nach der Güte der Härtung und der Höhe der Anlaßtemperatur die Druckhärte ~ 540 bis 640.

---

[1]) Die **Brinell**sche Härteprüfung besteht in der Eindrückung einer Kugel vom Durchmesser D in den zu prüfenden Versuchskörper und in der Bestimmung der Eindruckkalotte. Die **Brinell**sche Härteziffer ist die mittlere spezifische Flächenpressung pro mm² der Eindruckkalotte $\left(H = \dfrac{P}{f_k}\right)$. Im Gegensatz zu der vorbesprochenen Härtebestimmung wird nicht die Kreisfläche vom Durchmesser d, sondern die entsprechende Kalotte in die Rechnung eingesetzt. Diese Abweichung nahm **Brinell** deswegen vor, weil bei verhältnismäßig starker Eindrückung die Materialhärte infolge Kaltreckens

Die Druckhärte ist in bescheidenen Grenzen auch von der Anschmiegung abhängig, beispielsweise für Kugel gegen ebene Platte um $5\,^0/_0$ kleiner als für Kugel gegen Kugel.

Die von größeren spezifischen Belastungen hervorgerufenen Pressungen können der folgenden Aufstellung entnommen werden.

1. **Gleiche Kugeln aus gehärtetem Chromstahl vom Durchmesser**
$$d = \tfrac{1}{8}'' \text{ bis } 2\tfrac{1}{4}''.$$

$$\frac{P}{d_r^{\,2}} = 4\,\frac{P}{d^2} = \quad 2000 \qquad 4000 \qquad 8000 \;\text{kg/cm}^2.$$

$$\frac{P}{d^2} = \quad 500 \qquad 1000 \qquad 2000 \qquad ,,$$

$$p \sim 66\,000 \qquad 74\,000 \qquad 81\,000 \qquad ,,$$

2. **Gehärtete Chromstahlkugel an ebener gehärteter Chromstahlplatte.**

$$\frac{P}{d_r^{\,2}} = \frac{P}{d^2} = \qquad 2000 \qquad 4000 \qquad 8000 \;\text{kg/cm}^2$$

$$d = 0{,}5 \text{ cm}; \; p = 65\,000 \qquad 71\,200 \qquad 77\,600 \qquad ,,$$

$$d = 1{,}0 \text{ cm}; \; p = 66\,300 \qquad 73\,000 \qquad 77\,600 \qquad ,,$$

Aus allen Versuchen hat sich ergeben, daß die Pressungen bei verschieden großen Kugeln nahezu gleich sind, wenn die Belastungen proportional den Quadraten der Durchmesser gewählt werden. Die Versuchswerte sind in Fig. 7 eingetragen. Man erkennt daraus (und aus Fig. 8), daß die Ergebnisse weit über die Proportionalitätsgrenze hinaus mit den Hertzschen Gleichungen übereinstimmen.

Von Wichtigkeit sind ferner die Versuche über die Zusammendrückung gehärteter Stahlkugeln. Aus Fig. 8 gehen die Ergebnisse mit $5/_8''$ Kugeln hervor. (Kugel gegen Kugel, Kugel gegen ebene Platte, Kugel gegen Hohlzylinder.)

Die obere Kurvenschar gibt die gesamten, die untere die bleibenden Zusammendrückungen der Meßlänge wieder. Auch diese Versuche haben ergeben, daß die verhältnismäßigen Verkürzungen verschieden großer Kugeln nahezu gleich sind, sofern man die Belastungen proportional dem Quadrat des Durchmessers wählt.

Die Zahlenwerte einer Versuchsreihe sind im folgenden wiedergegeben.

Gehärtete Chromstahlkugeln an gehärteten Chromstahlplatten:

Kugeldurchmesser $d = 20$ mm

$$P = 80^{1}) \qquad\qquad 160 \qquad\qquad 400 \text{ kg}$$

$$\frac{P}{d^2} = 20 \qquad\qquad 40 \qquad\qquad 100 \;\;,,$$

Gesamte Eindrückung einer
Druckstelle δ . . . . . $= 0{,}007 \qquad 0{,}011\,2 \qquad 0{,}020\,7$ mm
Bleibende Eindrückung $\delta_b = 0{,}000\,08 \qquad 0{,}000\,24 \qquad 0{,}001\,02$,,

---

erhöht wird. Die auf die Kreisfläche bezogene Eindrückung ergibt bei stärkeren Drücken höhere Härteziffern als bei mäßiger Eindrückung. Mit Rücksicht darauf, daß die Kalotte bei Erhöhung des Druckes verhältnismäßig stärker wächst als die Kreisfläche, ist es möglich, durch die Zugrundelegung der Kalotte an Stelle der Kreisfläche einen gewissen Ausgleich zu schaffen.

Für die Prüfung von Kugellagermaterial ist diese Veränderung der Härteziffer deswegen von geringem Interesse, weil die Prüfungen in der Regel nur zum Vergleich von gleichartigen Materialien dienen und bei gleichen spezifischen Flächenpressungen vorgenommen werden. Prüfung zumeist mit 10 mm Kugeln; Belastungen wie vorstehend angeführt (2000 kg beim Anschmiegungsfaktor 1, 500 kg beim Anschmiegungsfaktor $\tfrac{1}{4}$).

[1]) Für $P = 80$ ist der Halbmesser ϱ der Druckfläche $\sim 0{,}37$ mm, die mittlere Flächenpressung $p = \dfrac{P}{0{,}037^2 \cdot \pi} \sim 19\,000$ kg/qcm.

Bei Kugel zwischen hohlzylindrischen Rillen vom Radius $r = {}^2/_3$ Kugeldurchmesser sind die Zusammendrückungen nur ungefähr $^3/_5$ der oben angegebenen Werte. Eine $^5/_8{}''$ Kugel, die bei $P = 200$, also $\dfrac{P}{d^2} = 80$ zwischen ebenen Platten $\delta = 0{,}014$ und $\delta_b = 0{,}0005$ mm ergab, zeigte zwischen zylindrischen Rillen bei der gleichen Belastung $\delta = 0{,}01$ und $\delta_b = 0{,}0003$ mm.

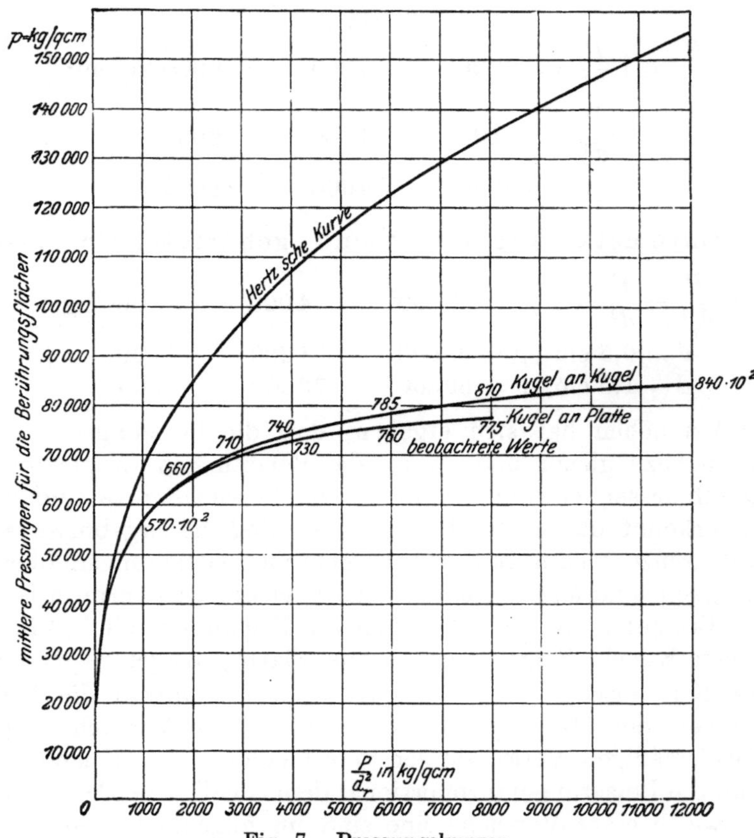

Fig. 7.   Pressungskurven.

Für Kugeln von $d = 2$ cm aus Stahl vom Dehnungskoeffizienten $\alpha = \dfrac{1}{2\,120\,000}$ wird die Proportionalitätsgrenze, die ungefähr bei 9000 kg/cm² liegt, bereits bei einer spezifischen Flächenpressung von $\dfrac{P}{d^2} = 5$ (d in cm) überschritten. Da nun aber für Kugellager spezifische Belastungen bis zu $\dfrac{P}{d^2} = 100$ und mehr durchaus üblich sind, ist ersichtlich, daß die Kugeln und die Laufringe solcher Kugellager **weit über die Proportionalitäts- bzw. Elastizitätsgrenze hinaus beansprucht werden und im Betrieb fortwährend bleibende Formänderungen erleiden.** Die entstehenden Formänderungen sind allerdings so gering, daß sie weder die Kugelform noch die Bewegungswiderstände merkbar beeinflussen. Aber diese außergewöhnliche Anstrengung des Materials führt nach und nach zu Beschädigungen der Kugeln und insbesondere der Laufringe, die zunächst zwar so unbedeutend sind, daß sie in der Regel nicht äußerlich wahrnehmbar sind, die aber im Laufe längerer Betriebszeiten sich addieren und die Lebensdauer der Kugellager begrenzen.

Aus den kurz geschilderten Versuchen lassen sich wichtige Schlüsse auf die **zulässige Belastung der Kugeln** ziehen. Sofern man vorerst nur die Verhältnisse bei ruhender Belastung berücksichtigt, werden maßgebend sein: die Sprunglast, die Pressung zwischen den Berührungsflächen und die Größe der bleibenden Eindrückung. Da die genannten Größen für verschiedene Kugeldurchmesser gleich groß sind, wenn nur $\dfrac{P}{d^2}$ = konst. gewählt wird, so kann der Rechnung die Gleichung

$$P = k\,d^2$$

zugrunde gelegt werden. Dabei ist P die zulässige Gesamtbelastung einer Kugel und der Koeffizient k die zulässige Belastung für die Einheit des Durchmesserquadrates oder die zulässige spezifische Belastung.

Der Koeffizient kann bei sonst gleichen Verhältnissen um so höher angenommen werden, je mehr sich die Kugel an die Laufbahn anschmiegt. Leider entziehen sich die im Betrieb vorkommenden Verhältnisse zumeist den erwähnten Arbeiten von Hertz und Stribeck, da die Kugellaufbahnen in der Regel weder ebene noch hohlkugelige Flächen darzustellen pflegen. Unmittelbare Anwendung gestatten die Ausführungen über die Anschmiegung jedoch beispielsweise für Stützlager mit ebener Laufbahn und für die Außenringe der Kugellager mit sphärischer Laufbahn (siehe S. 47); im übrigen bieten sie die Möglichkeit von Vergleichen, da die in der Praxis vorkommenden Anschmiegungen zumeist Zwischenwerte der von Stribeck untersuchten Fälle darstellen.

Die Beziehungen der vorstehenden Gleichung hat Stribeck durch umfangreiche Laufversuche mit Kugellagern nachgeprüft. Dabei hat sich gezeigt, daß sie auch für in Bewegung befindliche Kugellager Gültigkeit behält, wobei natürlich die weiteren aus der

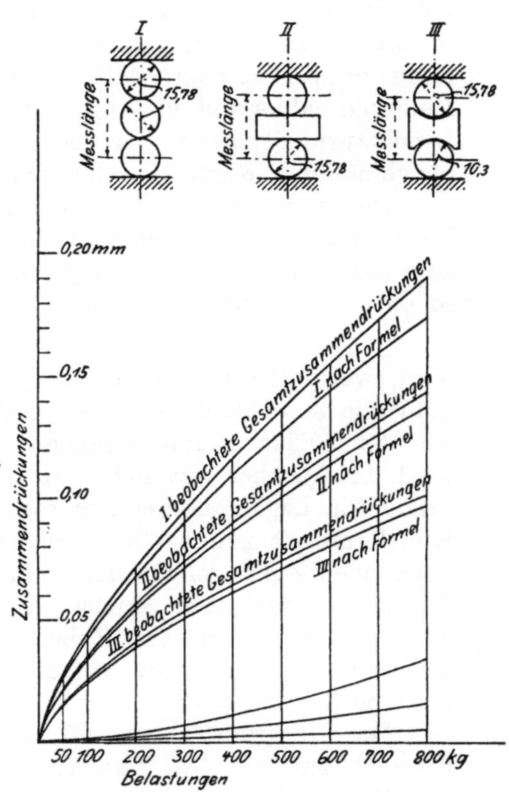

Fig. 8. Elastische und bleibende Zusammendrückung gehärteter Stahlkugeln von $\tfrac{5}{8}''$ Durchmesser.

Bewegung hervorgehenden Einflüsse — Umdrehungszahl, Stöße, Verklemmungen, Temperaturänderungen, Zentrifugalkräfte, sowie die von der gleitenden Reibung der Kugeln verursachte Zerstörung — berücksichtigt werden müssen. Die gleitende Reibung wird um so größer, je stärker sich die Laufbahn an die Kugel anschmiegt. Bei der Wahl des Koeffizienten k werden die besonderen Betriebsverhältnisse — ob die Lager täglich viel oder wenig in Betrieb sind, ob sie Stößen ausgesetzt sind, wie sich die Schmierung durchführen läßt, ob starke Verklemmungen auftreten u. a. — zu beachten sein.

II. Das Kugellager im Betrieb.

1. Lagerreibung.

Reibungskoeffizient. Der Reibungskoeffizient der Kugellager schwankt bei wechselnder Belastung, bei wechselnder Tourenzahl, sowie bei Veränderung der Temperatur nur ganz unwesentlich. Das Verhalten der Kugellager steht hier im strengen Gegensatz zu demjenigen der Gleitlager. Die Temperatureinflüsse, soweit sie für den Kugellagerbetrieb in Frage kommen (die Temperaturen sollen mit Rücksicht auf die Materialien möglichst 50^0 C nicht übersteigen), sind so unbedeutend, daß sie vernachlässigt werden können.

Von Einfluß ist die Härte des Materials, die Anschmiegung der Laufrille, der Umstand, ob ein Käfig zur Verwendung kommt und wie groß die gleitende Reibung der Kugeln im Käfig ausfällt.

Für die Bestimmung des Energiebedarfs sind die Schwankungen des Reibungskoeffizienten ohne praktische Bedeutung und daher von geringem Interesse. Nur in einzelnen Sonderfällen, wie beispielsweise für Uhrwerke, Spezialregulatoren usw. kann es vorkommen, daß ein möglichst kleiner und vor allem gleichmäßiger Reibungswiderstand verlangt wird. Es sei auf die mittels Zuggewichte betätigten Leuchtturm-Drehfeuer verwiesen, für die sich Kugellager wegen der geringen und gleichmäßigen Reibungswiderstände besonders gut bewährt haben.

Die von Stribeck eingeführte Berechnungsart legt nicht den Kugellaufkreis, sondern den Wellendurchmesser für die Berechnung des Reibungsmomentes zugrunde und führt dementsprechend einen „ideellen" Reibungskoeffizienten μ_i ein, so daß das Reibungsmoment

$$M = P \cdot r \cdot \mu_i$$

wird, worin P die Lagerbelastung und r der Radius der Welle bzw. der Kugellagerbohrung ist. Dieses Verfahren gestattet einen direkten Vergleich mit Gleitlagern, bei denen das Reibungsmoment ebenfalls auf den Wellendurchmesser bezogen wird, bringt aber mit sich, daß die von Stribeck ermittelten Werte für μ_i nicht genau für Lager anderer Abmessungen zutreffen werden, weil das Verhältnis vom Kugellaufkreis zum Wellendurchmesser kein konstanter Wert ist, sondern für verschiedene Lager verschieden sein kann. Wegen der positiv geringen Werte des Reibungskoeffizienten spielen diese in der Regel nicht starken Schwankungen jedoch keine wesentliche Rolle. Für genaue Vergleiche empfiehlt es sich aber, die Reibungsziffer nicht auf die Lagerbohrung, sondern auf den Kugellaufkreis-Durchmesser zu beziehen.

Im Gegensatz zu Gleitlagern ist der Reibungskoeffizient der Kugellager für den Zustand der Ruhe der gleiche, wie für den Zustand der Bewegung.

Über die Höhe des „ideellen" Reibungskoeffizienten bei verschiedenen Tourenzahlen und verschiedenen spezifischen Belastungen gibt die folgende Tabelle Aufklärung. Die Werte beziehen sich auf Lager, die im Außenring sowohl, wie im Innenring Laufrillen besitzen und zwar mit einem Laufrillenhalbmesser von $^2/_3$ Kugeldurchmesser.

	Ideeller Reibungskoeffizient μ_i		
Umdr. i. 1 Min.	65	385	780
Lagerbelastung 380 kg, entsprechend $1,4\,d^2$ [1] .	0,0033	0,0035	0,0037
„ 850 „ „ $3,1\,d^2$ . .	0,0020	0,0021	0,0022
„ 1100 „ „ $4,0\,d^2$ . .	0,0017	0,0018	0,0019
„ 1580 „ „ $5,8\,d^2$ . .	0,0016	0,0016	0,00165
„ 2050 „ „ $7,5\,d^2$ . .	0,0015	0,0015	0,0015
„ 3000 „ „ $11,0\,d^2$ . .	0,0015	0,0013	0,0013
„ 4900 „ „ $17,9\,d^2$ . .	0,0013	0,0012	0,0011

Für Konuslager steigen die vorstehenden Werte je nach der Größe der auftretenden, gleitenden Reibung um 20 bis $100^0/_0$.

---

[1] d war $^7/_8''$; $n = 28$; $1,4\,d^2$ ist die größte Belastung einer Kugel bei 380 kg Lagerbelastung; $kd^2 = \frac{5}{28}$. $380 = 68$; $k = \frac{68}{49} = 1,4$ (d in $\frac{1}{8}''$) $= 14$ (d in cm).

Weitere Angaben sind aus den Arbeiten von Stribeck[1]) zu entnehmen.

Für Stützkugellager können die in vorstehender Tabelle angegebenen Werte ebenfalls verwendet werden. Die ideelle Reibungsziffer der Stützkugellager, die

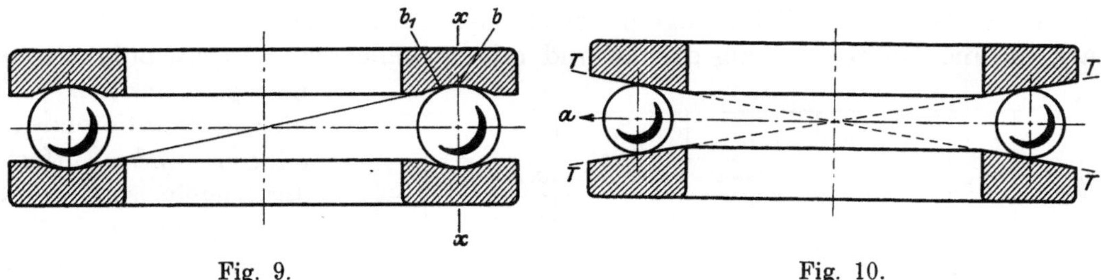

Fig. 9.   Fig. 10.

von dem Verhältnis des Kugeldurchmessers zum Kugelmittenkreis-Durchmesser abhängig ist, pflegt in der Regel etwas, wenn auch unwesentlich niedriger als diejenige der Laufringsysteme zu sein. Wie aus Fig. 9 ersichtlich ist, findet bei den üblichen Stützlagerkonstruktionen kein völliges Abwälzen der Kugeln statt. Völliges Abrollen würde nur bei der praktisch nicht durchführbaren Konstruktion Fig. 10 eintreten, während bei der Konstruktion nach Fig. 9 außer der rollenden Reibung noch eine Drehung in der Achse X auftritt, die bohrend wirkt und um so kleiner ausfällt, je kleiner der Kugeldurchmesser im Verhältnis zum Lagerdurchmesser ist. Je nach der Größe dieses bohrenden Einflusses schwankt der Koeffizient etwas, jedoch in Grenzen, die praktisch ohne Bedeutung sind. Im Durchschnitt kann die ideelle Reibungsziffer für Stützlager mit $\mu_i = 0,001$ angenommen werden. Daß sie trotz der erwähnten bohrenden Wirkung der Kugel noch unter derjenigen der Traglager bleibt, erklärt sich einesteils daraus, daß die ideellen Reibungsziffern keine genauen Vergleichswerte lie-

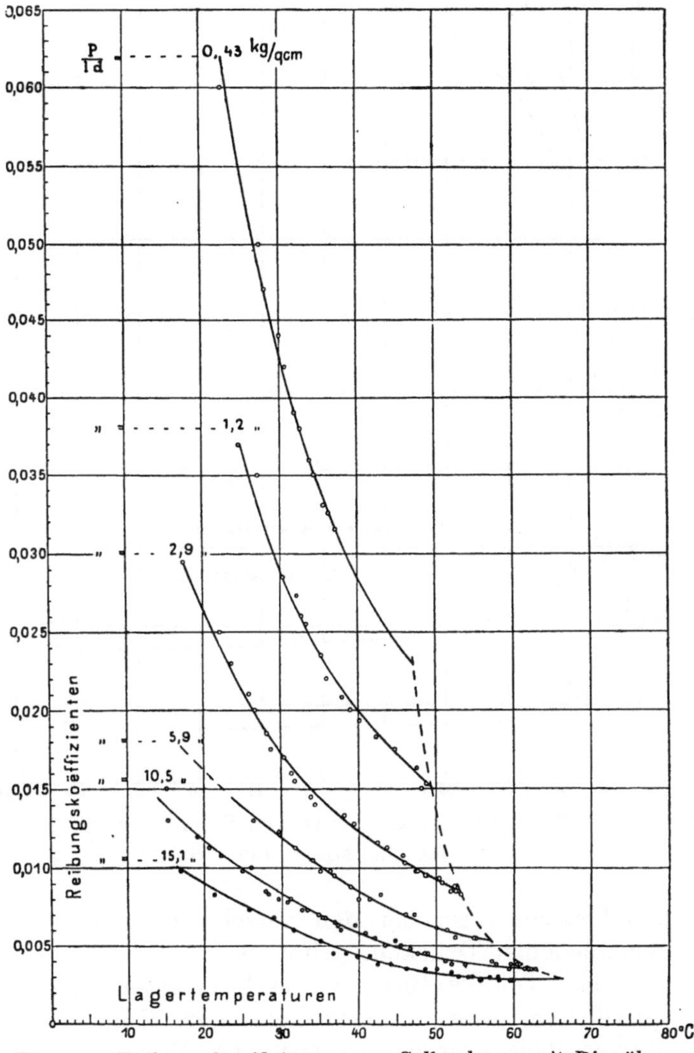

Fig. 11. Reibungskoeffizienten von Sellerslager mit Ringöler
(760 Uml/Min., 70 mm Bohr.)

---

[1]) Kugellager für beliebige Belastungen, Z. Ver. deutsch. Ing. 1901, S. 123.

fern (bei einem Vergleich der auf den Kugelmittenkreis bezogenen Koeffizienten verschiebt sich das Verhältnis zu ungunsten der Stützlager), andernteils aus den günstigeren Belastungsverhältnissen. Sämtliche Kugeln des Stützkugellagers teilen sich gleichmäßig in die Belastung, im Gegensatz zu den Radiallagern, bei denen sämtliche Kugeln verschieden stark belastet, daher verschieden stark in die Unterlage eingedrückt und mit verschiedener Geschwindigkeit fortbewegt werden. Das hieraus resultierende Annähern und Entfernen der Kugeln ist mit einem Anwachsen und Nachlassen der gleitenden Reibung verbunden.

Vergleich mit Gleitlagern. Wesentlich größeres Interesse als der Vergleich der Kugellager-Reibungsziffern untereinander bietet eine Gegenüberstellung mit den stark veränderlichen Reibungskoeffizienten der Gleitlager. Diese sind außerordentlich abhängig von der spezifischen Flächenpressung, der Umfangsgeschwindigkeit, der Temperatur, dem Lager- und Schmiermaterial, etwaigen Wellendurchbiegungen, dem Grad des Einlaufens usw.

Bei richtiger Berücksichtigung aller vorgenannten Momente läßt sich der Reibungswiderstand der Gleitlager sehr niedrig gestalten. In der Praxis kann jedoch diesen mannigfachen Anforderungen zumeist nicht Rechnung getragen werden. Die Lager eines Automobilgetriebekastens stehen beispielsweise bei den verschiedenen Übersetzungsverhältnissen unter völlig verschiedenen Drücken. Umfangsgeschwindigkeit, Flächenpressung, Wellendurchbiegung, Temperaturen wechseln vollkommen. Fast für alle nachstehend besprochenen Anwendungsgebiete der Kugellager zeigen sich ähnliche Erscheinungen, beispielsweise wechseln bei Wagenachsen die Geschwindigkeiten und die Belastungen, besonders wenn für die letzteren auch noch die auftretenden Stöße berücksichtigt werden, desgleichen für Schiebebühnen, Drehscheiben usw. Für die letzteren richtet sich die Größe des Antriebsmotors nach den Anfahr-

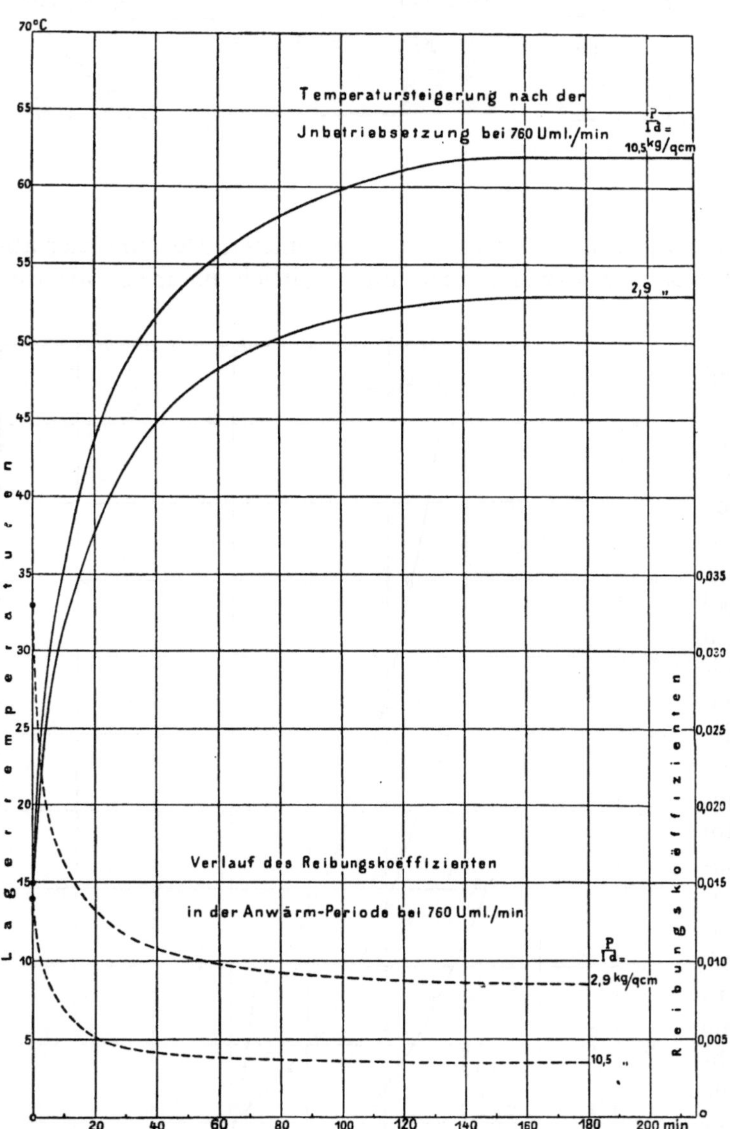

Fig. 12. Reibungskoeffizienten von Sellerslager mit Ringöler.
(760 Uml/Min., 70 mm Bohr.)

widerständen. Diese sind bei Gleitlagern verhältnismäßig groß, bei Kugellagern aus den vorher angeführten Gründen dagegen sehr klein. Dabei ist zu beachten, daß ein für eine bestimmte Umfangsgeschwindigkeit eingelaufenes Gleitlager für eine andere Geschwindigkeit oder eine andere Belastung von neuem einlaufen muß, daß das Hinzukommen von Fremdkörpern, Fressen usw. ein erneutes Einlaufen bedingen kann, daß der Beharrungszustand und der günstigste Wirkungsgrad erst nach Beendigung der Anwärmungsperiode, die mehrere Stunden erfordern kann und die bei absatzweise laufenden Maschinen womöglich gar nicht erreicht wird, eintritt. Die günstigsten von Stribeck[1]) und Lasche[2]) mit Gleitlagern erzielten Versuchsergebnisse können daher nur in sehr seltenen Ausnahmefällen zugrunde gelegt werden, während die Reibungskoeffizienten bei durchaus noch nicht ungünstigen Betriebsverhältnissen oft den 10fachen Wert annehmen.

Der Einfluß der verschiedenen Faktoren ist aus den vorstehenden Diagrammen ersichtlich. Fig. 11 zeigt die Abhängigkeit des Reibungskoeffizienten für ein Sellerslager mit Ringöler von 70 mm Bohrung bei 760 Umläufen pro Minute.

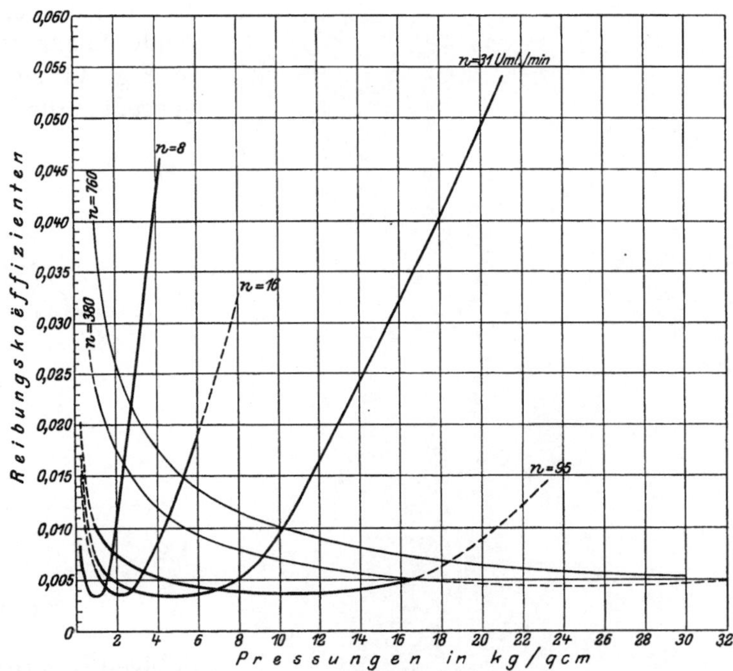

Fig. 13. Abhängigkeitsverhältnis der Gleitlagerreibung von der Pressung
(Sellerslager mit Ringöler von 70 mm Bohr.).

Fig. 12 zeigt die Änderung der Temperatur und des Reibungskoeffizienten während der Anwärmeperiode. Aus dem Verlauf der Kurve ist zu ersehen, daß der Koeffizient während der im ganzen 3 Stunden betragenden Anwärmeperiode auf etwa $^1/_4$ seines ursprünglichen Wertes sank.

Aus Fig. 13 ist das Abhängigkeitsverhältnis des Reibungskoeffizienten von der Pressung ersichtlich (durch Versuche an ein und demselben Lager bei 25° C

---

[1]) R. Stribeck, Die wesentlichsten Eigenschaften der Gleit- und Kugellager. Z. Ver. deutsch. Ing. 1902, S. 1341 u. f.

[2]) Lasche, Mitteilungen aus den Forschungsarbeiten, Heft Nr. 9; herausgegeben vom Ver. deutsch. Ing.

Lagertemperatur ermittelt). Der Verlauf der Kurven (bis $n = 200$) zeigt, daß für jede spezifische Flächenpressung nur eine bestimmte Tourenzahl einen günstigen Wirkungsgrad ergibt. Sowohl bei höherer wie bei niedrigerer Tourenzahl wächst der Reibungskoeffizient bedeutend. Die Kurven zeichnen sich, je geringer die Tourenzahlen werden, um so mehr dadurch aus, daß sie nach jähem Abfallen wieder jäh ansteigen; so steigt beispielsweise für die Tourenzahl von $n = 8$ der Reibungskoeffizient durch Erhöhung der Flächenpressung von 1 kg/qcm auf 4 kg/qcm auf den 12fachen Wert (von 0,0035 auf 0,043). Aus den Aufzeichnungen ergibt sich, daß die Kugellager bei niedrigen Tourenzahlen und schwankender Belastung unter Umständen ganz bedeutende Kraftersparnisse gegenüber den Gleitlagern mit sich bringen, beispielsweise für Kurbelwellenlager, deren Drücke von 0 bis zu einem Maximum anwachsen, oder für Drehscheiben- und Schiebebühnenlager, deren Drücke von der jeweiligen Belastung abhängen.

Vorrichtungen zur Bestimmung der Reibungswiderstände. Die Reibungswage von Stribeck. Für die Bestimmung der Reibungswiderstände konstruierte Stribeck die in Fig. 14 und 15 dargestellte Reibungswage. Das zu prüfende Lager wird auf die in Fig. 14 sichtbare Welle gepreßt, die in zwei be-

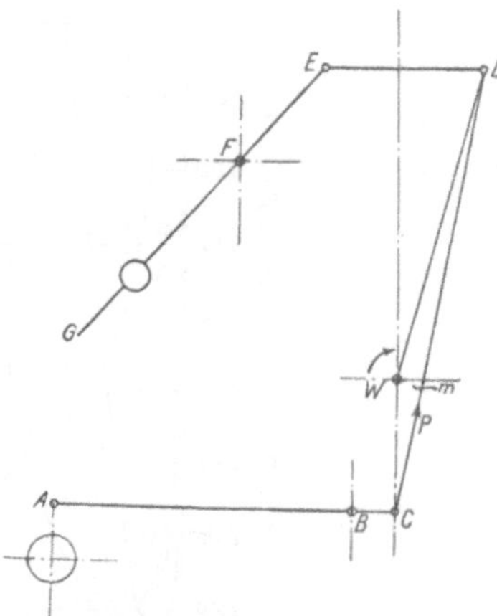

Fig. 15.

liebigen Lagerungen so drehbar angeordnet ist, daß sie mit Hilfe einer Riemenscheibe je nach Wunsch in Rechts- oder Linksdrehung versetzt werden kann. Die Belastung wird durch den auf Fig. 14 sichtbaren Belastungshebel hervorgerufen, der in Fig. 15 mit ABC bezeichnet ist. Er trägt am Ende A seines längeren Armes das Belastungsgewicht, während an dem kürzeren Arm die Stange CD angreift und die Kraft P durch die Schwinge WD auf den Außenring des zu prüfenden Lagers überträgt.

Fig. 14. Reibungswage von Stribeck.

Wenn man von den Eigengewichten und von den Reibungswiderständen in den Hebelgelenken absieht, so wird das Belastungsgewicht bewirken, daß WD und CD eine senkrechte Stellung einnehmen, d. h. ineinanderfallen. Die in Fig. 15

gezeichnete Stellung ist dagegen nur dadurch möglich, daß äußere Kräfte auf die Gestänge einwirken. Diese Kräfte treten auf, sobald die Welle gedreht wird. Erfolgt beispielsweise eine Drehung in der Pfeilrichtung, so tritt durch die Reibungswiderstände der Kugeln ein Drehmoment im Kugellageraußenring auf, das durch die Schwinge WD auch auf das Gestänge CD übertragen wird und so einen Ausschlag in der Pfeilrichtung hervorruft. Durch den Ausschlag m läßt sich die Reibung ohne weiteres bestimmen, da das Reibungsmoment $\mu_i \cdot P \cdot r = P \cdot m$ ist (r = Radius der Lagerbohr.; μ_i = Ideeller Lagerreibungskoeffizient auf die Bohrung bezogen). Demnach ist:

$$\mu_i \cdot r = m$$

und
$$\mu_i = \frac{m}{r}.$$

Da ferner r für jedes Lager einen konstanten Wert besitzt, ist μ_i proportional m, weswegen der Ausschlag m, wenn er in geeigneter Weise auf eine Skala übertragen wird, direkt die Größe des Reibungskoeffizienten angibt.

Die Gestänge sind mittels Stahlschneiden und Stahlpfannen so gelagert, daß die Reibung in den Gelenken möglichst klein wird. Der Einfluß der Eigengewichte wird durch die Gestänge ED und EG, sowie ein verschiebbares Ausgleichgewicht aufgehoben. EG ist gleichzeitig als ein über einer Skala schwingender Zeiger ausgebildet.

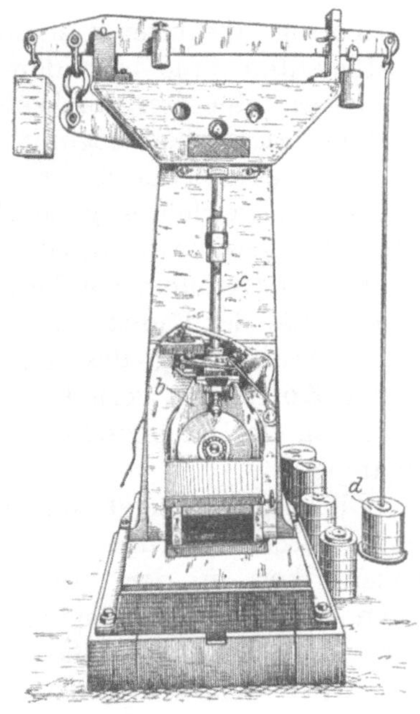
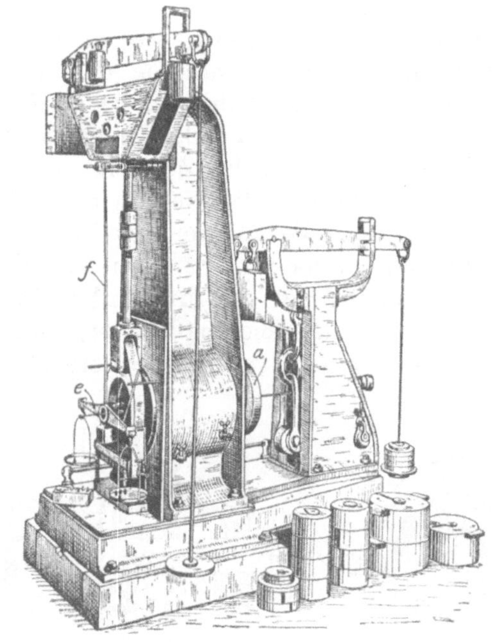

Fig. 16. Fig. 17.

Reibungswage von Heß, Philadelphia.

Der in Fig. 16 und 17 abgebildete Probierbock von Heß, Philadelphia, beruht auf dem gleichen Prinzip wie der Stribecksche; unterscheidet sich jedoch durch die Anordnung der Hebel, die die Verwendung von Ausgleichgewichten erübrigen, sowie dadurch, daß er auch gleichzeitig für die Prüfung von Stützkugellagern benutzt werden kann[1]. Die Prüfung von Traglagern geschieht mit Hilfe der

---

[1] Genaue Beschreibung und Angabe von Prüfungsergebnissen siehe American Machinist 1909, S. 344.

aus Fig. 16 ersichtlichen Hebelanordnung; die Prüfung der Stützkugellager mit
Hilfe der aus Fig. 17 ersichtlichen. Das zu untersuchende Lager wird auf eine
Welle im unteren Teil der Maschine (s. Fig. 16) befestigt und mit Hilfe eines
um den äußeren Laufring gelegten Joches b durch die an das Joch angreifende
Stange c von oben durch gewichtsbelastete Hebel unter Druck gesetzt. Die
Stange c ist im Joch drehbar gelagert, der Ausschlag kann abgelesen und als
Maß für die Bestimmung der Lagerreibung benutzt werden.

Die Prüfung von Stützlagern geschieht so, daß der eine Stützlagerring mit
der vorerwähnten Welle (Hohlwelle) gemeinsam in Drehung versetzt wird, während
der andere, im Joch b ruhend, sich nicht dreht. Ein am Joch befestigter, durch
die Hohlwelle hindurchgeführter Stahldraht ruft mit Hilfe der am Apparat
(hinten) angeordneten dreifachen Hebelanordnung den gewünschten Axialdruck
hervor. Das Bestreben des Joches b, sich während der Wellendrehung ebenfalls
mitzudrehen, wird durch entsprechende Belastung der am Wagebalken e hängenden
Schalen aufgehoben. Das durch die verschiedene Belastung der beiden Schalen
vorhandene Drehmoment ist gleich dem Reibungsmoment. Tatsächlich spielt der
Zeiger f während des Betriebes nicht genau über seiner Mittelstellung. Daher
muß ein Moment für das Verdrehen des Zugdrahtes und ein Moment für die
minimale Verdrehung des Joches b und des Gestänges c aufgewendet werden.
Das erstere beträgt angeblich maximal $^1/_2{}^0/_0$ des Reibungsmomentes, das letztere
kann, da der Zeiger die Größe des Ausschlages angibt, genau in Rechnung gesetzt
werden.

Reibungsversuche. Dort, wo nicht die Anforderung absoluter Genauigkeit
gestellt wird, ist die Bestimmung des Reibungskoeffizienten ohne besondere Ver-
suchsvorrichtungen möglich. In vielen Fällen genügt es, eine um die Welle gelegte Schnur so stark zu belasten, daß sich die Welle zu drehen beginnt. Soll
der Reibungskoeffizient im Zustand der Bewegung gemessen werden, so muß,
wenigstens annähernd, die Geschwindigkeit des Belastungsgewichtes gleichförmig
sein. Solange eine Beschleunigung in der Bewegung des Gewichtes eintritt, dient
die aufgewandte Arbeit nicht allein zur Überwindung der Reibung, sondern auch
zur Beschleunigung der sich drehenden Massen. Die Größe der Fadengeschwindig-
keit (sofern sie eine gleichmäßige ist) spielt für die Bestimmung des Reibungskoeffizienten nur eine untergeordnete Rolle, da der Koeffizient verhältnismäßig
wenig von der Drehgeschwindigkeit abhängig ist.

Die Fig. 18 zeigt einen von den Deutschen Waffen- und Munitionsfabriken in der vorbeschriebenen Weise vorgenommenen Versuch. Der Druck auf die Wellenlager wird künstlich durch die Belastung der Hebel hervorgerufen. Außer den beiden Stehlagern, in
denen die Welle ruht, ist daher noch ein drittes Lager, an welches
die Hebel angreifen, vorhanden. Die Treibschnur ist bei diesem Versuch nicht unmittelbar um die Welle, sondern um eine Scheibe
von 300 mm ϕ gelegt. Die Kugeln der beiden Stehlager sind mit $k=80$,
diejenigen des mittleren Lagers mit

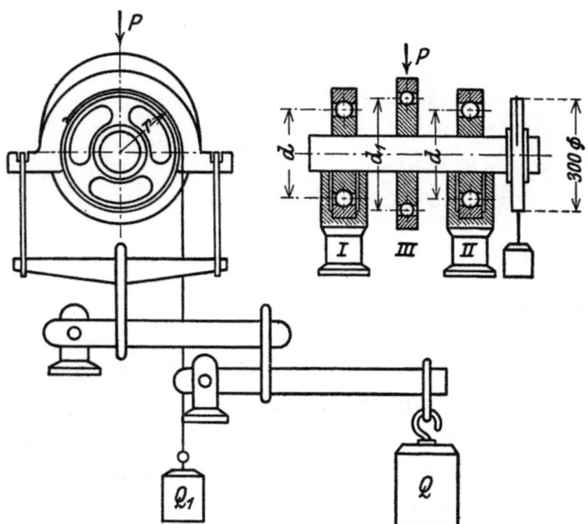

Fig. 18. $r = 150$. $d = 260$ (9 Kugeln 50,8 mm).
$d_1 = 334$ (13 Kugeln 44,5 mm). $P = 7134$.
$Q = 210$ kg. $Q_1 = 11$ kg.

$k = 140$ (d in cm) belastet. Die beiden Stehlager zusammen haben die gleiche Last von 7134 kg aufzunehmen, wie das mittlere Lager.

Unter der Voraussetzung, daß die Reibungsziffer für die beiden äußeren Lager die gleiche wie für das mittlere Lager ist, wird:

$$\mu\left(\frac{P}{2}\cdot\frac{d}{2} + \frac{P}{2}\cdot\frac{d}{2} + P\frac{d_1}{2}\right) = Q_1 \cdot r$$

$$\mu = \frac{Q_1 \cdot r}{P\left(\dfrac{d}{2} + \dfrac{d_1}{2}\right)} = \frac{11\cdot 150}{7134\cdot(130 + 167)} = 0,000\,775.$$

Da sich die Lagerbohrungen nur etwa 0,6 mal so groß als die Kugelmittenkreisdurchmesser ausführen lassen, wird die ideelle Reibungsziffer

$$\mu_i = \frac{0,000\,775}{0,6} = \mathbf{0,0013}.$$

Da die Verteilung der Reibung tatsächlich nicht völlig gleichmäßig erfolgt, ist die Reibungsziffer für die mit $k = 80$ belasteten äußeren Lager etwas höher und für das mit $k = 140$ belastete Lager etwas niedriger als 0,0013. Die Abweichungen sind jedoch, wie die Tabelle auf S. 10 zeigt, belanglos. Legt man die gleichen Verhältnisse wie dort zugrunde, so ist für die

äußeren Lager maximal $\mu_i = 0,0014$,
für das mittlere „ minimal $\mu_i = 0,0012$.

Der Versuch bietet insofern Interesse, als die Anschmiegungen der Kugeln an die Laufbahnen sehr stark sind ($r = 0,56\,d$), ohne daß eine Vergrößerung der Reibungswiderstände gegenüber den Lagern mit $r = {}^2/_3\,d$ zu bemerken ist.

Der Versuch nach Fig. 19 (D. W. F.) dient zur Bestimmung der Stützkugellagerreibung, und zwar wurde ein einfaches Stützkugellager, sowie ein sog. Etagenlager der Prüfung unterzogen. Die Führungsrollen von 360 mm Durchmesser ruhen auf Kugellagern, deren Reibungswiderstände so gering sind, daß sie vernachlässigt werden können. Das gleiche gilt für die Seilreibung des Belastungsfadens. Der letztere ist um eine Scheibe von 300 mm ϕ geschlungen. Die vorgenommenen Versuche mit 6000 und 7000 kg Lagerbelastung ergaben die in der folgenden Tabelle enthaltenen Werte:

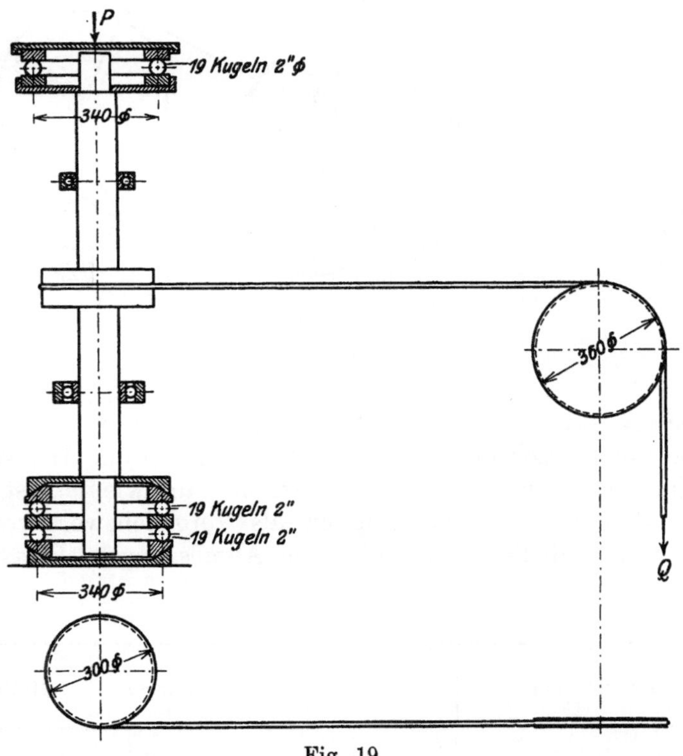

Fig. 19.

Be-lastungs-gewicht „Q"	Lager-druck „P"	Flächen-pressung k (d in cm)	Reibungsziffer					
			μ (auf den Kugelmittenkreis von 340 mm Φ bezogen)			μ_i (auf die Lagerbohr. von 280 mm Φ bezogen)		
			für alle drei Kugelreihen zusammen	für das obere Lager	für das untere Lager	für alle drei Kugelreihen zusammen	für das obere Lager	für das untere Lager
11,2 kg	6000	123	0,001 65	ca. 0,000 88	ca. 0,000 88	0,002	ca. 0,001	ca. 0,001
14,3 „	7000	145	0,001 8	„ 0,000 9	„ 0,000 9	0,002 18	„ 0,001 1	„ 0,001 1

Festgestellt ist nur das Reibungsmoment der gesamten Wellenlagerungen. Angenommen ist, daß der Reibungswiderstand der beiden Kugelreihen des unteren Etagenlagers zusammen ebenso groß wie der Widerstand des oberen Lagers ist. Das ist bei gleich sorgfältiger Herstellung der Lagerringe offenbar zutreffend. Tatsächlich dreht sich der mittlere Ring des Stufenlagers mit reduzierter Tourenzahl; auch läßt er sich ohne nennenswerte Kraftaufbietung während des Betriebes festhalten, woraus hervorgeht, daß das durch die Reibungswiderstände der oberen Kugelreihe hervorgerufene Drehmoment ungefähr ebenso groß ist, als das durch die Reibungswiderstände der unteren Kugelreihe hervorgerufene, die Drehung hemmende Moment. Wenn diese Annahme nicht zutreffend wäre, würde sich das im übrigen bei Einleitung jedes Versuches gezeigt haben. Es setzt sich bei zunehmender Belastung des Fadens zunächst die Welle nur mit dem oberen Etagenring in Bewegung und dann erst (ohne Vermehrung der Zugkraft) der mittlere Ring.

In Fig. 20 sind Versuche wiedergegeben, die die gleiche Firma anstellte, um das Verhalten von Konuslagern und normalen Laufringsystemen in Fahrrädern zu beobachten. Die beiden Tragrollen von 250 mm Durchmesser, die den Druck der Fahrräder aufnehmen, sowie das Vor-

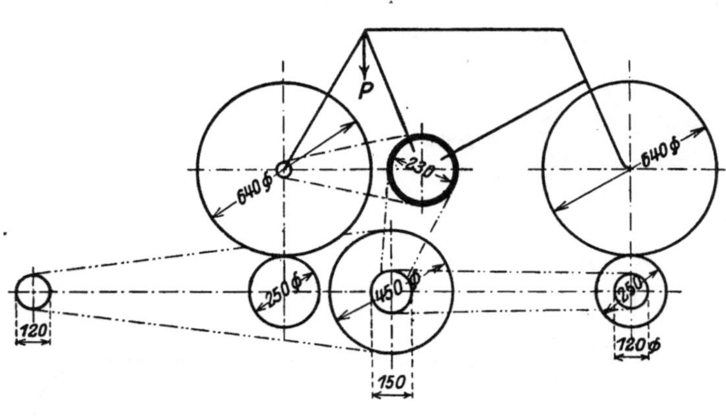

Fig. 20.

gelege mit einer Triebscheibe von 450 und einer solchen von 120 mm Durchmesser verzehren im unbelasteten Zustande 182 Watt. Diese Energie wird im Zustande der Belastung noch erhöht; um wieviel, ist beim Versuch nicht ermittelt, so daß der Versuch lediglich als Vergleichswert von Konuslagern und gewöhnlichen Laufrillenlagern gilt. Die Abmessungen, Belastungen und Tourenzahlen der Lager sind wie folgt:

Art des Lagers	Vorderrad	Tretkurbel	Hinterrad	Belastung des ganzen Rades	Tourenzahl d. Fahrräder n pro Minute
Konuslager . . .	8 Kugeln $^7/_{32}''$	9 Kugeln $^1/_4''$	9 Kugeln $^1/_4''$	$P = 80$ kg	133
Laufringsystem .	7 „ $^3/_{16}''$	13 „ $^7/_{32}''$	10 „ $^3/_{16}''$	$P = 80$ „	133

Die Tourenzahl entspricht einer Fahrgeschwindigkeit von 16 km. Als Kraftbedarf ergab sich:

	Leerlauf			Vollast (80 kg Fahrradbelastung)	
	Vorgelege ohne Fahrrad	Vorgelege mit Fahrrad	Fahrrad ohne Vorgelege	Fahrrad nebst Vorgelege	Fahrrad allein
Konuslager . .	182 Watt	363	$363 - 182 = 181$	490	$490 - 182 = 308$
Normales Lauf- rillenlager . .	182 ,,	332	$332 - 182 = 150$	371	$371 - 182 = 189$

Die Kraftersparnis bei Verwendung normaler Laufrillenlager ist für das mit 80 kg belastete Fahrrad allein (ohne Hilfsvorrichtungen) demnach $38,6^0/_0$ und diejenige für das leerlaufende Fahrrad allein $23,5^0/_0$ von dem für Konuslager erforderlichen Energieaufwand.

Die Kurven der Fig. 21 zeigen die Energieersparnis, die an einer Schwungradpresse der Deutschen Waffen- und Munitionsfabriken durch Lagerung einer Vorgelegewelle in Kugellagern erreicht wurde. Die Presse besteht aus einer Hauptkurbelwelle, auf der ein als Losscheibe ausgebildetes, nicht in Kugellagern ruhendes, schweres Schwungrad drehbar angeordnet ist. Lediglich im Moment des Pressens ist das Schwungrad mit der Hauptkurbelwelle gekuppelt. Obwohl nur die Vorgelegewelle mit Kugellagern ausgerüstet wurde, trat eine Reduktion des Energiebedarfes im Leerlauf von 2,6 PS auf 1,2 PS ein. Während des Momentes des Pressens ist die Energieersparnis minimal, da aber die

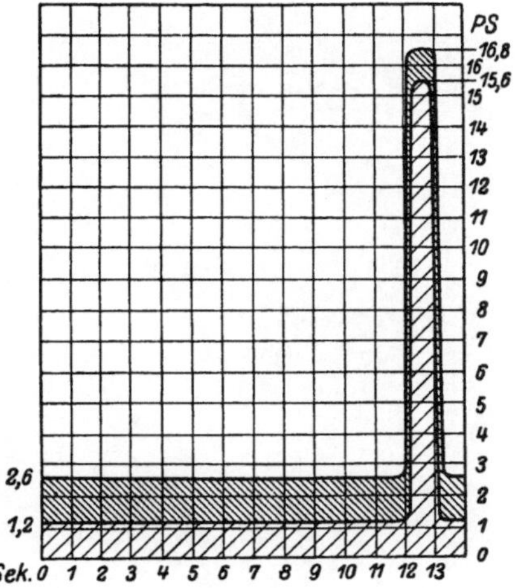

Fig. 21.

Preßperiode nur einen ganz kurzen Zeitraum (weniger als 10 Sekunden) einnimmt, ist die gesamte Energieersparnis, wie das Kurvenbild zeigt, doch sehr bedeutend.

Laufversuche mit belasteten Kugellagern. Die Belastungsversuche von Kugellagern werden in der Regel auf sog. Probierböcken vorgenommen. Die Probierböcke für Laufringsysteme bestehen zumeist aus einer horizontalen Welle, die an den Enden in zwei Stehlagern mit Kugellaufringsystem ruht. In der Mitte der Welle sitzt ein Gehäuse, in dem entweder zwei Laufringsysteme von ungefähr gleicher Tragkraft oder ein Laufringsystem von doppelter Tragkraft untergebracht ist. Das mittlere Lager kann mit Hilfe eines Belastungshebels den verschiedensten spezifischen Belastungen ausgesetzt werden, die sich auch gleichzeitig den an den Wellenenden untergebrachten Laufringsystemen übermitteln. Die Probierbockanordnung gestattet also gleichzeitig 3 bis 4 Laufringsysteme zu prüfen. Der Antrieb der Wellen geschieht in der Regel durch eine fliegend angeordnete Riemenscheibe. Die Druckwirkung des Belastungshebels wird auf einfache Weise durch eine Kugel auf das Lagergehäuse übertragen. Das Lagergehäuse sowohl wie der Hebel weisen eine entsprechende kugelförmige Aussparung auf, so daß die Kugel, durch die beiden gegenüberliegenden Aussparungen gehalten, lediglich zur Druckübertragung dient. Die Abbildung Fig. 22 zeigt im Vordergrund ein Gerüst mit einer ganzen Reihe solcher Probierböcke (5 Böcke). Die Änderung der Belastung geschieht dadurch, daß die am Hebelende aufgehängten, senkrechten Belastungsstangen durch mehr oder weniger Gewichte beschwert werden.

Stützkugellager werden auf ähnliche Weise geprüft, indem an jedem Ende einer durch Laufringe geführten Welle ein Stützkugellager angeordnet wird. Die Belastung geschieht durch Druck auf den einen der stillstehenden Ringe.

Auf der Abbildung, Fig. 22, ist ein solcher Probierbock für hohe Belastungen sichtbar. Die Belastung wird in diesem Falle durch doppelte Hebelübersetzung hervorgerufen. Im Gegensatz zu der dort gewählten vertikalen Anordnung kann jedoch ebensogut eine horizontale oder eine schwenkbare gewählt werden. Der Druck auf den Belastungshebel ist im letzteren Falle durch ein über eine Führungsrolle laufendes Belastungsseil leicht hervorzurufen.

Fig. 22. Probierraum der Deutschen Waffen- und Munitionsfabriken.

Stoßwirkungen für Traglager lassen sich auf einfache Weise dadurch erreichen, daß an Stelle des mittleren Lagers eine Nockenscheibe tritt, die bei jeder Drehung ein plötzliches Herunterfallen des langsam gehobenen Belastungshebels bewirkt.

Das in Fig. 22 im Hintergrund rechts sichtbare, gemauerte Fundament dient zur Aufnahme von Versuchskurbelwellen. Eine freischwingende Pleuelstange gestattet das Studieren der in dem Pleuelstangenlager auftretenden Stoßwirkungen.

2. Zentrifugalkräfte.

Die normalen Laufringsysteme erfahren durch die Zentrifugalkräfte eine Zusatzbelastung. Da beide Belastungen dieselbe Richtung haben, addieren sie sich, d. h. zu den an sich schon durch die Belastung hervorgerufenen spezifischen Flächenpressungen kommen noch diejenigen, die aus der Zentrifugalkraft resultieren. Für die Bestimmung der Zentrifugalkräfte ist u. a. die Zahl der Umläufe, die jede Kugel pro Minute um die Wellenachse macht, also die Zahl der Käfigumdrehungen festzustellen. Dieselbe ist bei Stützlagern der üblichen Konstruktion gleich der halben Wellentourenzahl; bei Laufringsystemen dagegen, weil die Kugeln auf der Außenringlaufbahn einen größeren Weg als auf der Innenringlaufbahn zurücklegen, nicht genau gleich der halben Wellenumdrehungszahl. Es wird bei „n" Umdrehung der Welle, wenn d der Kugeldurchmesser und D_m der Kugelmittenkreisdurchmesser ist, die Tourenzahl des Käfigs:

$$n_{Käfig} = n \cdot \frac{D_m - d}{2 D_m}$$

und die Umdrehungszahl, die jede Kugel um ihre eigene Achse macht:

$$n_{Kugel} = n \cdot \frac{D_m - d}{2 D_m} \cdot \frac{D_m + d}{d} = \frac{D_m{}^2 - d^2}{2 D_m \cdot d} \quad \text{bzw.} \quad n_{Kugel} = n_{Käfig} \cdot \frac{D_m + d}{d}.$$

Die Einwirkungen der Zentrifugalkräfte sind für die Laufringsysteme verhältnismäßig unbedeutend. Beispielsweise wird für ein mit Kugeln von 60 mm ϕ ausgerüstetes Lager von 500 mm Kugelmittenkreisdurchmesser, 900 Wellenumdrehungen, also

$$n_{Käfig} = 900 \cdot \frac{500 - 60}{2 \cdot 500} = \text{ca. } 400$$

die Zentrifugalkraft

$$C = \frac{G \cdot n^2}{900} \cdot \frac{D}{2} = \frac{0,9 \cdot 400^2 \cdot 0,25}{900} = 40 \, \text{kg}$$

und unter Berücksichtigung des Kugeldurchmessers von 60 mm wird die spezifische Kugelbelastung

$$k = \frac{40}{6^2} = 1,1 \; (d \text{ in cm}).$$

Für Stützkugellager können die Einflüsse der Zentrifugalkräfte jedoch recht beträchtlich werden und zwar aus folgendem Grunde: Die Kugel hat auf Grund der Zentrifugalkraft das Bestreben, in der Richtung C (Fig. 23) nach außen zu wandern, wobei die Ringe auseinandergedrückt werden. Wieviel die Ringe auseinandergedrückt werden, das hängt, sofern die Welle genügend axiales Spiel besitzt, von der Belastung des Lagers und vom Verhältnis des Kugelradius r zum Laufrillenradius R ab. Wenn die Kugel um das Maß a nach außen gewandert ist, dann drückt sie gegen

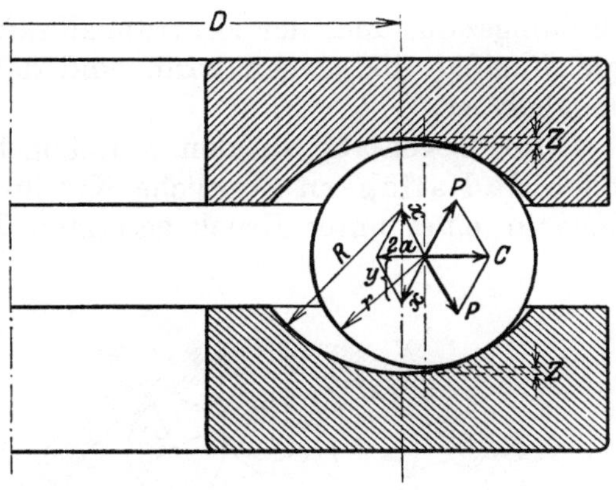

Fig. 23.

den Ring mit einer Kraft P, die sich aus der Gleichung ergibt:

$$P : C = (R - r) : 2a, \quad \text{also} \quad P = \frac{C (R - r)}{2a}.$$

Diese Gleichung beruht auf den aus Fig. 23 ersichtlichen Proportionen. (Streng genommen kommt nicht P, sondern die senkrechte Komponente von P in Frage. Beide Kräfte weichen aber bezüglich der Größe verschwindend wenig voneinander ab.)

Würden die Ringe so fest montiert sein, daß die Kugeln sie nicht auseinander drücken können, und würden ferner Gehäuse und Laufringe nicht unter der Belastung durchfedern, dann würden sich also auch die Kugeln nicht nach außen bewegen, a müßte demnach gleich einem Minimum bleiben und P nach vorstehender Gleichung unendlich groß werden; es würde also eine Zerstörung des Lagers eintreten. Daher sind die Stützlagerringe bei großen Tourenzahlen und großen Kugeln mit etwas Luft in die Gehäuse einzubauen. Das Abheben der

Ringe ist im allgemeinen sehr gering, erreicht aber in ungünstigen Fällen einen Wert von etwa 0,3 mm.

Die im Stützkugellager auftretenden Zentrifugalkräfte erhöhen die Flächenpressung der Kugeln also nicht oder nur ganz unwesentlich, dagegen wirken sie ungünstig auf den Lauf der Stützkugellager ein, indem sie die Kugeln aus ihrer eigentlichen Laufbahn herausdrängen.

Außer dem Kreislauf führen die Kugeln dauernd kleine Bewegungen in Richtung des Kugellagerradius aus, die vorwiegend auf das Auftreten von Zentrifugalkräften zurückzuführen sind. Diese Radialbewegungen tragen dazu bei, daß die Kugeln Stößen ausgesetzt sind und daß sie nicht in jedem Augenblicke gleichmäßig belastet sind.

Bei Stützkugellagern ohne Laufrillen (ebener Laufbahn), wie solche als mehrreihige Lager zuweilen verwendet werden, hat der Käfig die Zentrifugalkräfte aufzunehmen. Er muß daher entsprechend stark dimensioniert werden.

3. Zulässige Belastung der Kugellager.

Die Kugeln eines Stützkugellagers oder Axiallagers werden, genaue Herstellung und zentrische Wellenbelastung vorausgesetzt, alle gleich stark belastet. Wenn die zulässige Belastung einer Kugel $= k \cdot d^2$ ist (S. 9), so wird die zulässige Belastung eines Stützkugellagers von n Kugeln demnach:

$$P = n \cdot k \cdot d^2,$$

dabei ist für die Wahl des Koeffizienten k außer der Berücksichtigung der Umdrehungszahl und der Zentrifugalkräfte zu beachten, daß die Last nicht immer gleichmäßig übertragen wird, und daß völlig genaue Herstellung in der Tat unmöglich ist.

Im Gegensatz zu den Stützkugellagern werden in den Tragkugellagern oder Radiallagern sämtliche Kugeln verschieden hoch belastet. Die Hälfte der Kugeln eines unter Druck gesetzten Tragkugellagers läuft völlig unbelastet; die

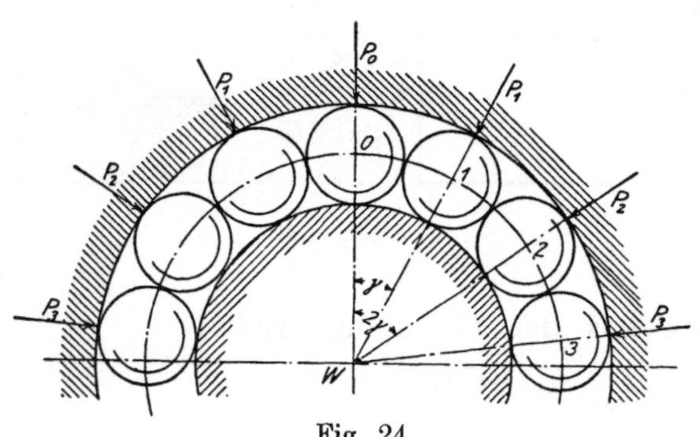

Fig. 24.

Kugeln der anderen Hälfte sind alle verschieden hoch belastet, da bei einem Druck auf die Welle die Annäherungen der einzelnen Kugeln an die Laufbahn verschieden groß sind. Die Flächenpressung der einzelnen Kugeln läßt sich nach Stribeck aus der ohne weiteres feststellbaren Annäherung bestimmen.

Wird das Tragkugellager Fig. 24 in Richtung $0W$ mit P belastet, dann ergeben sich, wenn P_0, P_1, P_2, P_3 die Belastungen der Kugeln 0, 1, 2, 3 und δ_0, δ_1, δ_2, δ_3 die dazugehörigen Annäherungen der Laufringe in Richtung $0W$, $1W$, $2W$ usw. sind, die folgenden Beziehungen:

$$P = P_0 + 2 \cdot P_1 \cdot \cos \gamma + 2 P_2 \cdot \cos 2\gamma \ldots + 2 P_n \cdot \cos n\gamma.$$

Unter der Voraussetzung, daß zwischen Kugeln und Ringen vor Eintritt der Belastung Spielraum nicht vorhanden ist und die Ringe sich unter der Einwirkung der Kräfte nicht wesentlich durchbiegen, ist in der vorstehenden Gleichung

$$\cos \gamma = \frac{\delta_1}{\delta_0}, \qquad \cos 2\gamma = \frac{\delta_2}{\delta_0} \text{ usw.}$$

Da sich nach Gl. 3 (S. 5) die zweiten Potenzen der Belastungen wie die dritten Potenzen der Annäherungen verhalten, ist:

$$\frac{P_0^{\,2}}{\delta_0^{\,3}} = \frac{P_1^{\,2}}{\delta_1^{\,3}} = \frac{P_2^{\,2}}{\delta_2^{\,3}} = \frac{P_n^{\,2}}{\delta_n^{\,3}}$$

oder

$$\left.\begin{array}{l} P_1^{\,2} = \dfrac{P_0^{\,2}\cdot\delta_1^{\,3}}{\delta_0^{\,3}} \\[2ex] P_2^{\,2} = \dfrac{P_0^{\,2}\cdot\delta_2^{\,3}}{\delta_0^{\,3}} \end{array}\right\} \quad \text{bzw.} \quad \left\{\begin{array}{l} P_1 = P_0\cdot\cos^{3/2}\gamma, \\[2ex] P_2 = P_0\cdot\cos^{3/2}2\gamma. \end{array}\right.$$

Nach obiger Gleichung wird demnach:

$$P = P_0\cdot(1 + 2\cos^{5/2}\gamma + 2\cos^{5/2}2\gamma + \ldots 2\cos^{5/2}n\gamma).$$

Wenn man die vorstehende Gleichung für verschiedene Kugelzahlen, beispielsweise für 8, 12, 15, 20 Kugeln auflöst (die normalen Kugellager enthalten in der Regel 8 bis 20 Kugeln), so ergibt sich, daß der Wert für $\dfrac{P}{P_0}$ unter Berücksichtigung der Kugelzahl „n" konstant ist, d. h. etwa $\dfrac{n}{4,37}$. (Die bei verschiedenen Kugelzahlen erhältlichen Werte differieren so wenig, daß die Schwankungen praktisch ohne ʄInteresse sind). Die größte Belastung einer Kugel innerhalb des genannten Gebietes (von 8 bis 20 Kugeln) ist also

$$P_0 = \frac{4,37}{n}\cdot P.$$

Je nach der Größe der Lager und der Konstruktion der Lagergehäuse werden sich tatsächlich die Kugellagerringe durchbiegen. Es ist anzunehmen, daß die maximale Belastung einer Kugel noch über den angegebenen Wert steigt, weswegen Stribeck gesetzt hat: $P_0 = \dfrac{5}{n}\cdot P$ oder, da $P_0 = d^2\cdot k$, d. h. gleich dem Quadrat des Kugeldurchmessers mal der spezifischen Flächenpressung ist:

$$P = 0,2\cdot n\cdot k\cdot d^2\,{}^1).$$

Ob dabei der Wert 0,2 richtig angenommen ist oder nicht, ist von untergeordneter Bedeutung, weil etwaigen Abweichungen durch die richtige Wahl des Koeffizienten k, der auf Grund von Laufversuchen festgestellt ist, Rechnung getragen wird.

Für die Wahl des Koeffizienten k geben die Kurven der Fig. 25a und 25b Anhaltspunkte. Die Kurvenwerte gelten für Lager, die wesentlichen Stößen, Wellendurchbiegungen oder anderen ungewöhnlichen Beanspruchungen nicht ausgesetzt sind, also für Betriebsverhältnisse, wie sie beispielsweise für Elektromotoren, Ventilatoren, Automobil- und Schneckengetriebe usw. vorkommen. Je nachdem ob größeres Gewicht auf lange Lebensdauer oder auf kleine Lagerabmessungen gelegt wird, sind die Werte von k höher oder niedriger als angegeben, anzunehmen. Jedoch empfiehlt es sich, für Lager bis 300 Touren die Kurvenwerte nicht wesentlich zu überschreiten und insbesondere über $k = 170$ nur

---

[1] Erfolgt die Aufhängung des äußeren Laufringes eines Kugellagers in einem durchbiegungsfähigen Bande, wie das bei dem auf S. 89 besprochenen Schiebebühnenlager beispielsweise zutrifft, dann sind, wenn man von den für die Durchbiegung des Bandes erforderlichen Kräften absieht, alle Kugeln nach Maßgabe der Fig. 26 gleichmäßig belastet, nämlich mit $P_0 = \dfrac{2P}{2}\cdot\sin\dfrac{360}{2n}$.

Bei einem Lager mit einer sehr großen Anzahl kleiner Kugeln verhält sich die Summe der Kräfte P_0 zu der Summe der gleichgerichteten Komponenten von P_0 (also zur Tragkraft des ganzen

bei Lagern ganz niedriger Tourenzahl zu gehen. Kranhakenlager oder andere selten und langsam laufende Lager können dagegen ohne Bedenken mit $k = 250$ belastet werden. Für große schnellaufende Stützkugellager sind die Verhältnisse für die zulässigen Belastungen noch nicht völlig geklärt. Es ist möglich, daß die eingetragenen Werte noch überschritten werden können. Die Frage ist jedoch nicht von ausschlaggebender Bedeutung, da die großen mit mittleren und hohen Tourenzahlen laufenden Stützkugellager in erster Linie für Turbinen- und für Schiffspropellerwellen verwendet werden. In beiden Fällen ist jedoch eine reichliche Dimensionierung, weil für diese Wellen unbedingte Betriebssicherheit gefordert werden sollte, von Vorteil. Im übrigen steht der für die größeren Abmessungen der Lager erforderliche Platz in der Regel reichlich zur Verfügung und die größeren Dimensionen machen sich schließlich durch geringeren Verschleiß wieder bezahlt.

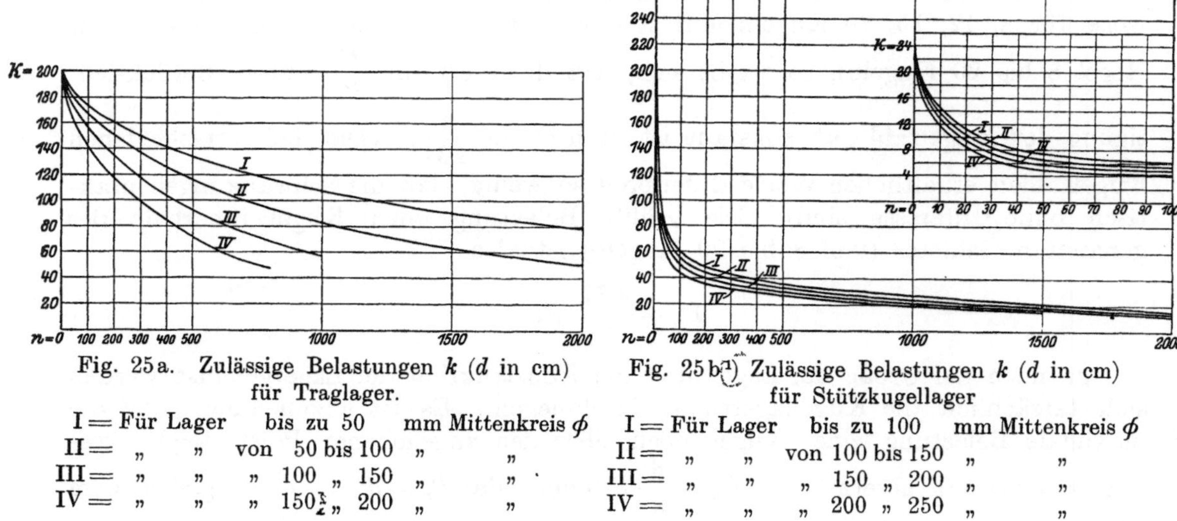

<table>
<tr><td>

Fig. 25a.   Zulässige Belastungen k (d in cm)
für Traglager.

I = Für Lager   bis zu 50   mm Mittenkreis ϕ
II =   „   „   von 50 bis 100   „   „
III = „   „   „   100 „ 150   „   „
IV = „   „   „   150 „ 200   „   „

</td><td>

Fig. 25b[1] Zulässige Belastungen k (d in cm)
für Stützkugellager

I = Für Lager   bis zu 100   mm Mittenkreis ϕ
II =   „   „   von 100 bis 150   „   „
III = „   „   „   150 „ 200   „   „
IV = „   „   „   200 „ 250   „   „

</td></tr>
</table>

Da, wo die vorerwähnten günstigen (stoßfreien) Betriebsverhältnisse nicht vorliegen, ist die Wahl des Koeffizienten „k" ohne genügende Erfahrungen schwierig. Aus diesem Grunde sind in den Beispielen des letzten Abschnittes

Lagers) offenbar, wie $\dfrac{1}{\pi} = \dfrac{0{,}318}{1}$, in gleicher Weise, wie die gegen die Mantelfläche eines Kessels drückenden Kräfte. Da die Kugelzahl tatsächlich begrenzt ist, treten kleine Abweichungen auf,

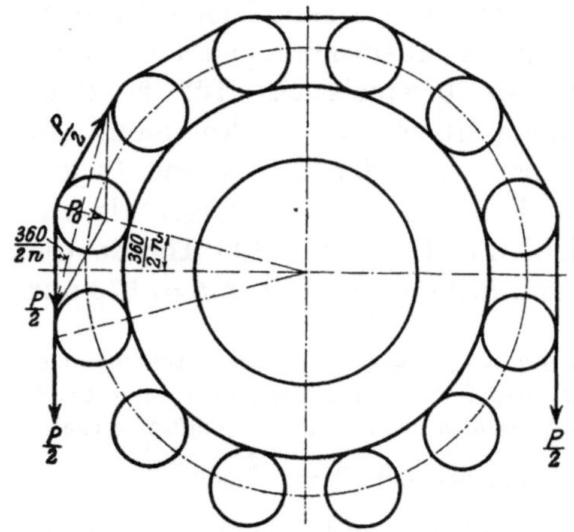

die jedoch, wie eine Nachprüfung mit Lagern verschiedener Kugelzahl erkennen läßt, ohne Belang sind.

Für das in Fig. 26 gezeichnete Lager von 12 Kugeln ergibt sich bei $\sin \cdot 15^0 = 0{,}2588$ beispielsweise

$$P_0 = \frac{2 \cdot P}{2} \cdot \sin 15^0 \quad \text{bzw.} \quad P = \frac{P_0}{\sin 15^0} = \frac{P_0}{0{,}2588}.$$

Die vorstehende Gleichung wird, wenn P_0 durch $k \cdot d^2$ und $\dfrac{1}{0{,}2588}$ durch $x \cdot n$ (worin x ein Koeffizient und n die Kugelzahl) ersetzt wird:

$$P = \frac{P_0}{0{,}2588} = x \cdot n \cdot k \cdot d^2 = 0{,}32 \cdot 12 \cdot k \cdot d^2.$$

Es wird also $P = 0{,}32 \cdot n \cdot k \cdot d^2.$

Fig. 26.

[1] In der Nebenfigur sind die Werte für k mit 40, 80, 120 statt mit 4, 8, 12 usf. zu bezeichnen.

die Belastungskoeffizienten meist angegeben, so daß es möglich ist, an Hand dieser Beispiele für gleiche oder ähnliche Betriebsverhältnisse den Koeffizienten „k“ zu wählen.

In bezug auf den Belastungskoeffizienten ist schließlich noch zu bemerken, daß er bei der in der Praxis üblichen Handhabung nicht identisch ist mit der spezifischen, auf die Einheit des Kugeldurchmesser-Quadrates bezogene Belastung. Die auf S. 84 angegebenen Werte von $k = 80$ bis 120 sind beispielsweise deswegen so niedrig gewählt, weil die Achsdrücke der Eisenbahnlager während der Fahrt auf Grund von Stößen anwachsen, so daß die spezifischen Belastungen sich tatsächlich über 80 bis 120 erheben, beispielsweise auf 120 bis 180, ja momentan vielleicht noch stärker anwachsen.

Den Kurvenwerten der Fig. 25a und 25b ist ein bestimmtes Verhältnis von Kugeldurchmesser zu Kugelmittenkreis-Durchmesser zugrunde gelegt (bei Laufringsystemen: $\frac{d}{D} = \frac{1}{4}$ bis $\frac{1}{7}$ bei Stützkugellagern: $\frac{d}{D} = $ ca. $\frac{1}{5}$). Bei Lagern mit relativ größeren Kugeln ist k kleiner als in den Kurven angegeben zu wählen. Das gilt besonders für Stützkugellager. Die Kurvenwerte gelten für Laufrillenlager (bei Stützkugellagern: Rillenradius $r = \frac{2}{3}d$, bei Laufringsystemen: Rillenradius des Innenringes $r_i = 0,6\,d$). Für Stützkugellager mit flachen Ringen, für Laufringsysteme mit zylindrischer Laufbahn, sowie für Konuslager ist k kleiner als in den Kurven angegeben zu wählen, und zwar besonders, wenn die Lager mit geringer Tourenzahl laufen; weniger für Lager mit hoher Tourenzahl, da bei diesen die spezifischen Belastungen zwecks Verminderung des Verschleißes ohnehin niedrig angenommen werden. Bei hohen Tourenzahlen wird also der Nachteil der größeren Flächenpressung der rillenlosen Lager in höherem Maße durch die diesen Lagern eigene Verminderung der gleitenden Reibung und der damit verbundenen Verminderung des Verschleißes wett gemacht.

Im Kugellagerbetrieb ist es nicht zu vermeiden, daß die zur Aufnahme von Tragdrücken bestimmten Laufringsysteme auch geringe Achsdrücke aufnehmen müssen. Wie groß die durch einen bestimmten Achsdruck hervorgerufenen Flächenpressungen sind, läßt sich nicht (auch nicht mit grober Annäherung) durch Rechnung bestimmen. In einem aus völlig unnachgiebig gedachtem Material gefertigten Laufringsystem ohne Durchschlag würde, wie naheliegt, ein sehr geringer Achsdruck genügen, um das Lager zu zerstören. Wie stark die Kugeln der Laufringsysteme bei der Ausübung eines axialen Druckes tatsächlich gepreßt werden, hängt von dem Durchschlag, der Dehnung des Materials, den Abmessungen der Laufringe und des Gehäuses, der Verteilung der Last auf die einzelnen Kugeln ab. Alle diese Einflüsse lassen sich nicht genau übersehen. Allgemein läßt sich nur sagen, daß ein Lager mit großem Durchschlag und großen Kugeln zur Aufnahme von axialen Belastungen geeigneter ist als ein Lager mit kleinem Durchschlag und kleinen Kugeln.

Einige Kugellagerfabriken geben einen bestimmten Prozentsatz ($5\,^0/_0$ oder $10\,^0/_0$) des Tragdruckes als zulässigen Achsdruck an. Aber auch diese Angabe ist aus den vorgenannten Gründen unzuverlässig. Selbst diese geringen Belastungen in Richtung der Achse führten vielfach zu Lagerdefekten. Dauernd auftretende Achsdrücke (Eigengewichte, Kegelräderdrücke o. a.) sollten stets durch gesonderte Stützlager aufgenommen werden, aber auch bedeutende durch Stöße oder Massenwirkungen hervorgerufene Achsdrücke, wie sie beispielsweise in Straßenbahnwagen auftreten, rechtfertigen die Verwendung von Stützlagern.

4. Gleit- oder Kugellager.

Die Frage „Gleit- oder Kugellager" läßt sich nicht allgemein beantworten, weder mit ja noch mit nein. Die größte Verwirrung bei der Beurteilung dieser Frage ist durch das vielfach vorhandene Bemühen entstanden, die Verhältnisse der Gleitlager genau auf die Kugellager zu übertragen. Augenblickliche Überlastungen, vorübergehendes Anwachsen der Temperaturen u. a., das Hinzukommen von Staub, kleine Montagefehler können Kugellager im Gegensatz zu den Gleitlagern aber sofort zerstören. Der Verzicht auf Reservelager, der bei Verwendung von Gleitlagern ohne Bedenken sein kann, ist möglicherweise bei der Benutzung von Kugellagern ein außerordentlicher Leichtsinn. Der Umstand, daß es in vielen Fällen geboten ist, Reservekugellager vorzusehen, braucht durchaus kein abfälliges Gesamturteil für die Kugellager zu sprechen. Die sonstigen Vorteile können vielmehr so bedeutend sein, daß die erhöhte Möglichkeit einer Störung gern in den Kauf genommen wird, besonders dann, wenn Vorsorge für die schnelle Beseitigung etwaiger Störungen getroffen ist. Die Vorzüge des Kugellagers gegenüber den Gleitlagern können sein:

Geringe Reibungswiderstände, daher geringer Kraftbedarf sowie die Möglichkeit, höhere Tourenzahlen als mit Gleitlagern erreichen zu können.

Gleichmäßige Reibungswiderstände auch bei wechselnden Tourenzahlen und wechselnden spezifischen Belastungen (selbst während der Periode des Anlaufens).

Geringer Schmiermittelbedarf und geringe Wartung.

Geringe Baulänge.

Diesen Vorzügen können unter Umständen folgende Nachteile gegenüberstehen:

Zu großer Platzbedarf. Das Kugellager erfordert in der Regel eine verhältnismäßig sehr kleine Baulänge, was ein bedeutender Vorteil ist; in den wenigen Fällen, in denen dagegen der Platz im Durchmesser beschränkt ist, kann die Unterbringung des Kugellagers auf Schwierigkeiten stoßen.

Zu starke Geräusche und Vibrationen.

Zu geringe Betriebssicherheit.

Zu große Kosten.

Die Vorzüge der Kugellager machen sich besonders bemerkbar:

a) bei schwankender Tourenzahl;

b) bei schwankender Belastung;

c) bei großen Stützdrücken, bei denen die Spurlager der Gefahr des Fressens ausgesetzt sind, oder für die Gleitlager nur in Form von Kammlagern anwendbar sein würden.

d) bei großen Anlaufswiderständen, beispielsweise bei Schiebebühnen, deren Motoren lediglich mit Rücksicht auf die Anlaufwiderstände erheblich stärker sein müssen, als der Arbeitsbedarf während des Betriebes bedingt.

Nach Maßgabe des Vorstehenden lassen sich für verschiedene Anwendungsgebiete leicht Entscheidungen treffen. Beispielsweise ist für die Getriebekasten der Automobile die Verwendung des Kugellagers deswegen von außerordentlichem Vorteil, weil die vielen Vorgelegelagerungen an sich schon verhältnismäßig hohe Reibungsverluste mit sich bringen, die eine wesentliche Rolle spielen, weil sich mit der Verminderung der Reibungswiderstände die Möglichkeit ergibt, kleinere motorische Antriebe zu verwenden und dadurch leichtere Gewichte des gesamten Wagens und erhebliche Ersparnisse zu erzielen. Dabei ist besonders zu beachten, daß mit dem Wechsel der Geschwindigkeit auch die Drücke und die Umfangsgeschwindigkeiten in den Lagern wechseln, und daß es unmöglich ist, Gleitlager zu verwenden, die bei den verschiedenen Betriebsverhältnissen günstig arbeiten (siehe Fig. 11 bis 13).

Für die Aufnahme von Stützdrücken in Wasserturbinen liegen ähnliche, wenn auch nicht ganz so ungünstige Verhältnisse vor. Die Drücke und die Tourenzahlen schwanken, die Drücke unter Umständen bedeutend, die sonst übliche Preßschmierung gestaltet sich verhältnismäßig kompliziert.

Bei Kranlagern macht sich der Umstand angenehm bemerkbar, daß Kugellagerungen die Bewegung der Wellen aus dem Zustande der Ruhe heraus mit sehr geringen Kräften (nur $^1/_{100}$ der für Gleitlager erforderlichen) gestatten, daß die zulässigen Belastungen für langsamlaufende Stützkugellager außerordentlich hoch sind, daß die Lager sehr geringe Wartung erfordern (es genügt, wenn das Lagergehäuse jährlich einmal mit Schmiermaterial gefüllt wird).

Die gleichmäßigen Reibungswiderstände der Kugellager sind auch bei der Konstruktion von Turmuhren, Leuchtturmfeuern usw. von Wert.

Zu einer Erhöhung der Tourenzahl kann die Verwendung der Kugellager beim Betrieb von Spinnspindeln führen. Die zulässige Höchsttourenzahl der Spinnspindeln ist abhängig von dem im Spinnfaden auftretenden Zug. Die Fadenspannung darf ein bestimmtes Maß nicht übersteigen, da sonst der Spinnfaden reißt. Bei gleicher Fadenspannung kann nun die auf Kugellagern ruhende Spinnspindel eine größere Tourenzahl erreichen, als die auf Gleitlagern ruhende (die im Spinnspindelbau üblichen ebenfalls außerordentlich leicht laufenden Gleitlager sind gehärtete Spitzen, die in entsprechenden Pfannen gedreht werden. (Nähere Angaben siehe S. 109.) Trotz des großen Vorzuges, der in der Erhöhung der Tourenzahl besteht, hat sich das Kugellager für den Spinnspindelbetrieb nicht durchzusetzen vermocht wegen der höheren Kosten, der geringen Lebensdauer und der höheren Anforderungen in bezug auf Bedienung.

Einen wesentlich schwereren Standpunkt als in den vorhin aufgeführten Fällen hat das Kugellager bei gleichmäßig belasteten, mit hohen Umdrehungen laufenden Wellen, da für diese auch Gleitlager geringe Widerstände ergeben. Die Kraftersparnis gegenüber Gleitlagern ist also nicht so bedeutend wie in den vorgenannten Fällen. Weder für elektrische Maschinen noch für schnellaufende Holzbearbeitungsmaschinen sind Kugellager bisher allgemein eingeführt. Der Verwendung in elektrischen Maschinen stellt sich ferner der Umstand erschwerend in den Weg, daß die aus Stahl hergestellten Laufringsysteme der Gefahr ausgesetzt sind, magnetisiert zu werden und ungünstige Nebenwirkungen hervorzurufen. Für Holzbearbeitungsmaschinen, sowie für manche Werkzeugmaschinen spielen die mit dem Kugellagerbetrieb verbundenen Vibrationen eine wesentliche Rolle. Die Einflüsse, denen eine Kreissäge hierdurch ausgesetzt wird, sind nicht von großer Bedeutung; jedoch wird bei Abricht- und Dicktenhobelmaschinen die Genauigkeit der zu bearbeitenden Hölzer durch die Vibration beeinträchtigt. Im Holzbearbeitungsmaschinenbau haben sich Kugellager daher in erster Linie nur für Sägegatter und Bandsägen, die weniger schnell laufen als die vorgenannten Maschinen und geringere Anforderungen in bezug auf genaues Arbeiten stellen, einzuführen vermocht, jedoch verwenden manche Firmen heute für Hobel- und Abrichtmaschinen ebenfalls allgemein Kugellager.

Anwendungsgebiete, in denen Kugellager großen Schaden angerichtet haben, sind die Walzenstuhlindustrie und der Straßenbahnwagenbau. (Siehe die betreffenden Kapitel.) Einesteils hat man die in Walzenstühlen auftretenden Drücke unterschätzt, dann aber auch die Bedeutung etwaiger Betriebsstörungen, die im vorliegenden Falle bei Verwendung von Gleitlagern in geringerem Maße eintreten, schließlich die Einwirkung von Staub, die auch für die Straßenbahnwagen-Lager von großem Einfluß ist.   Durch zweckentsprechende Konstruktionen ist es jedoch in neuerer Zeit gelungen, die Straßenbahnlager zuverlässig zu gestalten.

Für Feldbahnen ist das Kugellager wegen der höheren Anschaffungskosten und wegen der schlechten Wartung durch ungeschultes Personal bisher wenig zur Anwendung gekommen.   Lediglich die widerstandsfähigeren und auch für ungünstige Betriebsverhältnisse geeigneten Rollenlager haben sich einzuführen vermocht.

Der Umstand, daß sich Kugellager schwer auswechseln lassen, spielt im Transmissionswellenbau eine wesentliche Rolle.   Ein etwaiger Defekt zwingt zur Herausnahme sämtlicher Wellenteile (Riemenscheiben, Kupplungen u. a.), was sehr unangenehme Betriebsstörungen zur Folge haben kann.

Die Frage, ob Gleit- oder Kugellager, ist ferner wesentlich davon abhängig, bis zu welchem Grade zweckentsprechende Behandlung der Lager vorausgesetzt werden darf.

Über die Kostenfrage lassen sich allgemeine Angaben nicht machen.   In manchen Fällen vermag das Kugellager wegen seines höheren Anschaffungspreises überhaupt nicht in Konkurrenz mit dem Gleitlager zu treten trotz der Kraftersparnisse, in andern Fällen ist es dagegen bedeutend billiger als entsprechende Gleitlager, in noch anderen Fällen trägt es indirekt zur Verringerung des Gesamtpreises einer Maschine bei, beispielsweise dadurch, daß die Antriebsmotoren kleiner gewählt werden können (Automobile, Schiebebühnen), und in noch anderen Fällen läßt sich die durch Kugellager erreichbare Verminderung der Betriebskosten übersehen und in Rechnung setzen.   Gleich individuell ist die Frage, welche Anforderungen die Wartung der Kugellager stellt.   Während die Verwendung des Kugellagers im Feldbahnwagenbau dadurch erschwert wird, daß der Feldarbeiter nicht das genügende Verständnis für die Wartung der Lager mitzubringen pflegt, vielmehr das unempfindliche Gleitlager sachgemäßer zu bedienen vermag, als das Kugellager, ist umgekehrt die Bedienung eines für hohen Druck bestimmten Kugellagers für Schiffswellen wesentlich einfacher, als die Wartung eines entsprechenden Kammlagers.   Der Grund liegt darin, daß der Druck, der durch ein Stützkugellager aufgenommen werden kann, bei Benutzung von Kammlagern die Anordnung einer Reihe von Lamellen erfordert, deren Einstellung wesentlich schwieriger als die Bedienung des Kugellagers ist.   Dazu kommt, daß die Bedienung ganz besonders kompliziert wird, sobald der Zustand des Warmlaufens eintritt.

Der Mangel an genügenden Erfahrungen in bezug auf die Anwendungsmöglichkeit von Kugellagern sowie die Neigung zu Verallgemeinerungen haben dazu geführt, daß ein großer Teil der Konstrukteure dem Kugellager gegenüber eine einseitige Stellung einnimmt.   Dort, wo der Betrieb mit Kugellagern zu keinen Beanstandungen führte, wo keine Kugelbrüche, kein Auslaufen der Kugelaufbahnen, keine störenden Erschütterungen oder Geräusche, keine chemischen Beeinflussungen der Laufringsysteme zu verzeichnen sind, dort treten die unbedingten Anhänger auf den Plan; dort, wo sich solche Mißstände zeigen, erfolgt dagegen allzuoft eine kritiklose Verurteilung des Kugellagers, gleichviel für welche Zwecke es verwendet werden soll.

5. Die Feinde des Kugellagers.

Überlastung.   Im Gegensatz zum Gleitlager kann bei dem Kugellager augenblickliche Überlastung die Ursache völliger Zerstörung sein.

Momentane, beispielsweise durch Stöße bewirkte Überlastungen rufen wesentliche Formänderungen hervor.   Die in der Kugellaufbahn entstehenden bleibenden

Eindrücke addieren sich im Laufe der Zeit, bis die Unebenheiten so bedeutend sind, daß die Kugeln durch die Laufbahnen und die Laufbahnen durch die Kugeln in kurzer Zeit zerstört werden. Dort, wo die Einwirkungen von Stößen nicht genau festzustellen sind, sollten zunächst an einer ganzen Reihe von gleichen Maschinen auf längere Zeitspannen (etwa ein Jahr oder noch länger) Dauerversuche vorgenommen werden, bevor zur allgemeinen Benutzung von Kugellagern übergegangen wird. Es hat ganze Industrien (Mühlenbau, landwirtschaftliche Maschinen u. a.) gegeben, die das Unterlassen hinreichender Versuche und die darauf zurückzuführende Wahl zu schwacher oder unzweckmäßig ausgeführter Kugellagerungen mit tausenden von Mark bezahlen mußten.

Axiale Verklemmungen. Dieselben können durch ungenaue Herstellung der Lagerringe oder durch die Art des Betriebes bedingt sein. Die axialen Drücke werden dann nur von wenigen Kugeln aufgenommen, die zudem auch noch verschieden stark beansprucht werden.

Sind die Laufringe ungenau hergestellt, derart, daß die Mittelebene der Laufrillen nicht parallel zu den Seitenflächen oder lotrecht zu den Mantellinien der Ringe verläuft, dann ist eine Verklemmung des üblichen mit Laufrillen versehenen Lagers ebenfalls zu erwarten, desgleichen auch bei Durchbiegung der Welle. Vielfach empfiehlt sich daher in solchen Fällen die Verwendung der von den Aktiebolaget-Svenska-Kullagerfabriken, Gothenburg gebauten S. K. F.-Lager, die das Schwenken der Welle gestatten, ohne daß dabei merkliche Axialdrücke auftreten.

Das Wesen der Kugellager erfordert sehr genaue Herstellung und Montage, sowie sorgfältige Wartung.

Ungenaue Herstellung und Montage hat ungleichmäßige Verteilung der Last und durch die dadurch entstehende Überlastung einzelner Kugeln die Zerstörung der Kugeln und Laufbahnen zur Folge. Zu starker Preßsitz, zu großer Durchschlag, seitliches Verklemmen durch schlechte Montage, ungleiche Größe der Kugeln, Festklemmen der Außenringe im Gehäuse sind oft die Ursachen von Störungen.

Ungenügende Abdichtung. Sand, Staub, Schmirgel setzen die Lager dem Verschleiß aus. Es macht sich nach einiger Zeit „Durchschlag" bemerkbar, der sich durch Geräusche oder axiales Spiel anzeigt. Aus diesem Grunde sind Kugellager in Schleifereien, Müllereien, Ziegeleien mit Vorsicht zu verwenden.

Unzureichende Schmierung hat bei hohen Tourenzahlen unzulässige Erwärmung und Auslaufen der bei hohen Temperaturen weniger tragfähigen Kugellager, sowie das Ausglühen derselben zur Folge.

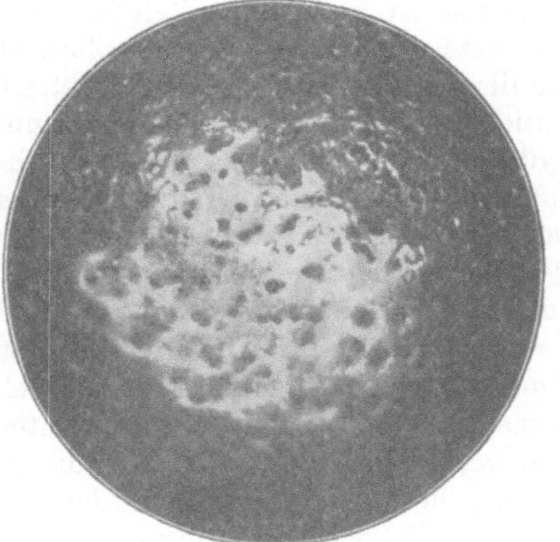

Fig. 27. Durch Wasser zerstörte Kugel.
10 fach vergrößert.

Wasser und Säure. Durch das Eindringen von Wasser in die Lagergehäuse, sowie durch Säuregehalt des Schmiermaterials werden die Laufringsysteme sehr gefährdet. Zunächst fressen sich kleine, tiefe Löcher ein, die dann weiter aufgewalzt und durch Abbröckeln kleiner Teile erweitert werden (Fig. 27). Harzende Öle bergen, besonders bei hohen Tourenzahlen, die Gefahr des Lagerwarmlaufens in sich.

6. Die Wahl der Kugellager.

Die bei Auswahl eines Kugellagers zu berücksichtigenden wichtigsten Punkte sind:

> die Tragkraft;
> die Tourenzahl;
> der verfügbare Platz;
> die Kostenfrage;
> Genauigkeit und Zuverlässigkeit des Betriebes.

Je nachdem ob' die eine oder die andere dieser Anforderungen in den Vordergrund gedrängt wird, wird die Wahl des Kugellagersystems nach der einen oder andern Seite beeinflußt. Dort, wo es möglich ist, sind natürlich die Normalien der Kugellagerfabriken zu berücksichtigen. Dort, wo die Unterbringung normalisierter Lager nicht möglich ist oder den Herstellungspreis oder die Güte der gesamten Maschinenkonstruktionen beeinflussen würde, empfiehlt sich unter Umständen die Verwendung anormaler Lager. Lager, die geringen Beanspruchungen ausgesetzt sind (Leuchtfeuer, Wetterfahnen u. a.), können beispielsweise aus ungehärtetem Gußstahl, oder ungeschliffen oder gepreßt, unter Umständen auch wohl aus Gußeisen gefertigt werden. Für Lagerungen, die dem Zutritt von Wasser ausgesetzt sind, kommen eventuell Bronzelaufringe und Bronzekugeln in Frage, besonders dann, wenn es unmöglich ist, eine andere Schmierung als die durch Wasser anzuordnen. In diesem Falle stößt die Benutzung von Gleitlagern auf Schwierigkeit. Bronzekugellager sind nur für Wellen mit geringerer Tourenzahl zulässig (Belastungskoeffizient für ungehärtete Lager $k = 15$ [d in cm], für Bronzelager $k = 8$ [d in cm]).

Für die Wahl der Lagergröße reicht die genaue Bestimmung der Drücke allein nicht aus, um die Einflüsse der Belastung zu erkennen; vielmehr spielt der Umstand eine große Rolle, ob die Belastung eine dauernd gleichmäßige oder ob sie stoßweise ist, in welchen Zeiträumen die Stöße erfolgen; ob eine sehr allmähliche Drucksteigerung oder eine sehr plötzliche auftritt. Es leuchtet ein, daß ein Walzenstuhllager, in dem während des Betriebes fortlaufend Stöße auftreten, nach anderen Gesichtspunkten gewählt werden muß, als beispielsweise ein Turbinenlager mit hydraulischer Entlastung, bei dem die Höchstlast nur während der Anlaufperiode eintritt, also zu einer Zeit, zu der das Kugellager noch nicht seine normale Tourenzahl erreicht hat. Im letzteren Falle kommt ferner als günstig hinzu, daß es sich nicht um dauernd wiederkehrende plötzliche Stöße, sondern nur um einmal auftretende Druckveränderungen handelt.

Kugellagerfabrik und -Abnehmer müssen bei der Auswahl der Kugellager Hand in Hand arbeiten, was oft sehr schwer ist. Immerhin haben die großen Kugellagerfabriken für die bekanntesten Anwendungsgebiete so weitgehende Erfahrungen gesammelt, daß sie die geeigneten Kugellager für bestimmte Anwendungsgebiete auszuwählen in der Lage sind, sofern ihnen zuverlässige Angaben über die Betriebsverhältnisse der Lager gemacht werden. Es sei an dieser Stelle auf einige Rechnungsgewohnheiten hingewiesen:

Es ist üblich, bei Verwendung von Riementrieb den Druck auf die Riemenscheiben mit dem fünffachen Wert des Riemenzuges einzusetzen, den Zahndruck von Zahnrädern mit bearbeiteten Zähnen gleich dem dreifachen und denjenigen von unbearbeiteten Zähnen gleich dem fünffachen theoretischen Zahndruck. Bei Zahnradgetrieben, die oft und ruckweise anlaufen (Trammotoren u. a.) geht man möglichst noch über diese Werte hinaus. Der aus Kegelrädertrieben resultierende Achsdruck bestimmt sich, wenn P der im Teilkreis angreifende Zahndruck ist, ungefähr aus der Gleichung:

1. Welle mit Kegelrad vom Teilkreis-ϕ „d" $S_d = \dfrac{0{,}27\,P}{\sqrt{D^2 + d^2}} \cdot d,$

2.   „   „   „   „   „   „D" $S_D = \dfrac{0{,}27\,P}{\sqrt{D^2 + d^2}} \cdot D.$

Bei Elektromotoren und Dynamomaschinen wird für das Lager an der Kollektorseite ein Druck angenommen, der mindestens dem 1,5 fachen Ankergewicht entspricht.

III. Herstellung der Kugellager.

1. Anforderung an das Material.

Die hohe, in Abschnitt I behandelte spezifische Flächenpressung, sowie das dauernde Belasten und Entlasten der Kugeln und der einzelnen Ringteile bedingen die Verwendung außerordentlich zähen Materials. Weder Kugeln noch Laufbahn sollen während des Betriebes merkbare bleibende Eindrücke erfahren. Auch darf das Material nicht so spröde sein, daß die Kugeln oder die Laufbahnen abbröckeln. Mit Rücksicht auf genügende Widerstandsfähigkeit des Materials gegen Zerspringen ist es von Vorteil, wenn die Kugeln nach dem Kern zu weicher werden.

Das verbreitetste Kugellagermaterial ist der Chromstahl, der die Eigenschaft, gut härtbar zu sein, mit hinreichender Zähigkeit vereinigt.

Der Chromstahl enthält $1^0/_0$ Kohlenstoff, $1^0/_0$ Chrom, $0{,}4^0/_0$ Mangan, $0{,}3^0/_0$ Silizium, $0{,}26^0/_0$ Nickel. Die vom Material zu verlangenden Härtegrade sind in Abschnitt I behandelt. Das Material läßt sich mit naturhartem Schnelldrehstahl bearbeiten.

Der Umstand, daß die Laufringe nur an den Laufrillen und an den Auflageflächen der Kugeln einen hohen Härtegrad aufweisen müssen, hat dazu geführt, daß von manchen Firmen und für manche Anwendungszwecke Flußstahl, der im Einsatz gehärtet wird, zur Anwendung kommt; bei großen Lagern kann hierdurch eine erhebliche Ersparnis erzielt werden. Auch sind die Ringe, da sie im Kern weich bleiben, widerstandsfähiger gegen Stöße und Schläge. Es erscheint jedoch fraglich, ob der Härtegrad von Chromstahl erreicht wird; auch besteht die Gefahr, daß einige Stellen weicher bleiben als die übrigen. Schließlich ist der beim Härten auftretende Verzug zumeist größer als der des Chromstahls, wodurch Schleiferkosten und Ausschuß wesentlich wachsen. Sollen Einsatzlager bei gleichen Abmessungen die Tragkraft des Chromstahllager ungefähr erreichen, so ist vorzügliches Einsatzmaterial und sorgfältigste Verarbeitung erforderlich. Sobald der Belastungskoeffizient für Einsatzmaterial kleiner angenommen werden muß als für Chromstahl, wachsen die Dimensionen eines Einsatzlagers gegenüber einem Chromstahllager gleicher Tragkraft. Damit wachsen auch die Kosten der Bearbeitung; es werden größere, bzw. mehr Kugeln erforderlich; der Käfig wird größer und teurer. Aus diesem Grunde kann es vorkommen, daß Einsatzlager, wenn ihr Belastungskoeffizient um 15 bis $20^0/_0$ kleiner bleibt als derjenige für Chromstahllager, teurer werden als diese, obwohl der Materialpreis nur $^1/_3$ desjenigen für Chromstahl beträgt. Falls die Lagerdimensionen durch die übrigen Maschinenteile vorgezeichnet sind und daher nicht unter ein bestimmtes Maß vermindert werden können, sind die Einsatzlager dagegen unter Umständen zweckmäßig.

2. Die Herstellung und Prüfung der Kugeln.

Die Kugeln werden aus Stangenmaterial und zwar in der Regel in folgendem Arbeitsvorgang hergestellt:

1. Abschneiden und Pressen, annähernd in Kugelform;
2. Vorschleifen in ungehärtetem Zustande mit nachfolgendem Sortieren;
3. Härten;
4. Fertigschleifen, Polieren und Putzen;
5. Revidieren bzw. Sortieren.

Abschneiden und Pressen. Die Kugeln werden aus Rundstahl hergestellt. Der letztere wird in genau ausprobierten Längen abgeschnitten und gepreßt (Fig. 28).

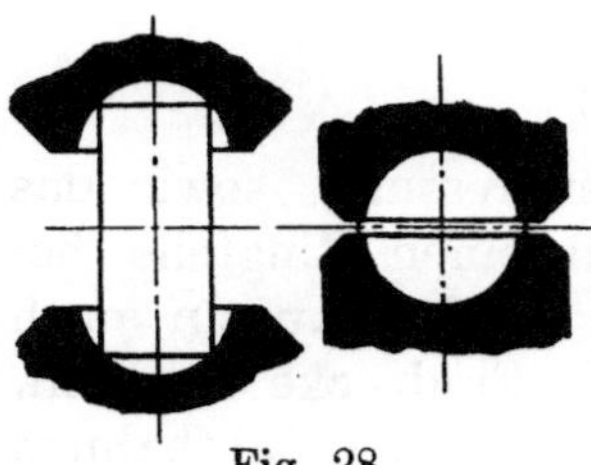

Fig. 28.

Das Abschneiden geschieht durch automatische Abschneidmaschinen, die nach ihrer Einstellung keinerlei Bedienung erfordern.

Die Abschneidvorrichtungen sind so eingerichtet, daß sie selbsttätig den Rundstahl fassen und um die für die Herstellung einer Kugel erforderliche Strecke verschieben. Nach dem Vorschieben erfolgt das selbsttätige Abscheren, worauf sich der Arbeitsvorgang wiederholt.

Die Pressen, die vielfach mit dem vorgenannten Apparat zusammengebaut sind, bearbeiten Kugeln bis $^1/_2''$ im kalten Zustande, und zwar ebenfalls vollkommen automatisch. An den Pressen ist ein Sammeltrichter angebracht, von dem aus durch eine Greifvorrichtung die abgeschnittenen Stücke der Matrize zugeführt werden. Die Leistungsfähigkeit dieser Maschinen erreicht 3000 bis 4000 Kugeln pro Stunde.

Kugeln von größerem als $^1/_2''$ Durchmesser werden warm gepreßt, und solche von einem Durchmesser über $2''$ einzeln in Gesenken vorgeschmiedet. Nach dem Pressen sind die Kugeln zur Beseitigung von Spannungen zu glühen.

Vorschleifen. Das Vorschleifen wird vor dem Härten ausgeführt und bezweckt vornehmlich aus wirtschaftlichen Gründen eine Einschränkung der Fertigschleifarbeit, dadurch, daß die Kugeln annähernde Form erhalten. Für das Vorschleifen dienen Maschinen mit zwei an vertikalen Wellen angeordneten gegenläufigen gußeisernen Schleifscheiben. Jede der Scheiben besitzt konzentrische Kreisrillen, die mit den Rohkugeln unter Zusatz von Öl und Schmirgel angefüllt werden. Da die Kugeln sich in den äußeren Rillen, in denen ihre Umlaufsgeschwindigkeit größer ist als in den innern, stärker abnutzen, sind Vorrichtungen vorhanden, die ein Wandern der Kugeln von Rille zu Rille während des Arbeitsvorganges bewirken. Je häufiger sich der Wechsel vollzieht, desto gleichmäßiger wird das Schleifgut und um so geringer verbleibt die Arbeit, die die Fertigschleifmaschinen nach dem Härten der Kugeln auszuführen haben.

Es kommen auch Maschinen zur Anwendung, bei denen der untere Teller lediglich zum Tragen und Führen der Kugeln dient, während der obere Teller als Schleifscheibe ausgebildet ist. Dieses Verfahren bezeichnet man als „Trockenschleifen", da auf die Zugabe von Öl und Schmirgelstaub verzichtet wird.

Vorsortieren. Die hierfür dienenden Apparate sortieren auf eine Genauigkeit von 0,01 bis 0,02 mm. Es sind im Prinzip dieselben Apparate, die zum Nachsortieren gebraucht werden (s. Seite 35).

Härten. Die an das sachgemäße Härten zu stellenden Anforderungen sind:

1. Gleichmäßige und allmählich steigende Erhitzung.

2. Beförderung des Härtegutes vom Ofen in den Kühlbottich bei steigender Temperatur des Härtegutes.

Die amerikanischen, drehbaren Kugelhärteöfen, die aus einem Hohlzylinder bestehen, der im Innern zum Schutz gegen Verbrennung mit feuerfestem Material ausgefüttert ist, werden diesen Anforderungen gerecht. Die Ausfütterung dieser Öfen hat schraubenförmige Windungen, in denen das Härtegut infolge der langsamen Drehung um eine horizontale Achse allmählich von der Beschickungsseite nach der entgegengesetzten Trommelseite wandert, an der ein Gas- oder Petroleumbrenner angebracht ist, dem die Verbrennungsluft durch ein Rohr zugeführt wird. An der Austrittsseite der Kugeln herrscht die höchste Temperatur, weil dort der Brenner untergebracht ist. Die Drehung des Ofens bewirkt, daß alle Kugeln von den Verbrennungsgasen, die den Ofen in entgegengesetzter Richtung durchstreichen und ihn an der Beschickungsseite verlassen, umspült und allmählich erwärmt werden. Die Temperatur ist durch Pyrometer zu kontrollieren. Die nach vorn gelangten, Kirschrotglut zeigenden Kugeln verlassen durch eine automatisch betätigte Abschließvorrichtung den Ofen und gelangen auf einer geneigten Laufbahn bis auf den Grund des mit temperiertem Öl oder Wasser gefüllten Kühlbottichs. In dem Bottich aufgehängte Siebe gestatten das leichte Herausheben der abgekühlten Kugeln, die vor dem Fertigschleifen mit Sägespänen „abgetrommelt" werden.

Fertigschleifen. Der Zweck des Fertigschleifens ist, den Schleifkörpern die endgültige genaue Kugelform zu geben und insbesondere zu erreichen, daß Kugeln gleicher Größe nach Möglichkeit sämtlich denselben Durchmesser erhalten. Mathematische Gleichmäßigkeit und Genauigkeit ist dabei natürlich nicht zu erreichen, jedoch ist es bei dem heutigen Stand der Kugellagerfabrikation durch die fortgesetzt verbesserten Schleifmaschinen möglich, mit Toleranzen von etwa 0,001 mm zu arbeiten. In erster Linie ist es durch die Vervollkommnungen, die die Norma-Compagnie in Cannstatt ihren Schleifmaschinen zuteil werden ließ, gelungen, diese Genauigkeitsgrade zu erzielen. Die Schleifteller der Normamaschinen drehen sich um

Fig. 29.

horizontale Achsen, damit der sich bildende Schleifstaub durch einen Flüssigkeitsstrom leicht fortgenommen werden kann. Die Leistungsfähigkeit der Maschine wird dadurch erhöht, daß eine größere Anzahl konzentrischer Laufrillen vorhanden ist. Der in Fig. 29 sichtbare Greifer c bewirkt, daß die Kugeln, wenn sie eine Rille durchlaufen haben, in einen Kugelmischer und von diesem in eine andere Rille geleitet werden, so daß jede Kugel alle Rillen durchläuft und jeder Rillenteil mit allen Kugeln in Berührung kommt.

Die Stärke der Kugeln nimmt beim Schleifprozeß ab. Durch ein feinfühliges Meßinstrument, das auf S. 37 behandelte Hirth-Minimeter, wird der Augenblick, in dem die Kugeln auf die gewünschte Größe heruntergeschliffen sind, scharf markiert, was eine große Annehmlichkeit gegenüber jenen älteren Maschinen darstellt, deren Betrieb in gewissen Abständen unterbrochen werden muß, um einige Kugeln herausnehmen und nachmessen zu können. ob sie bis auf den gewünschten Durchmesser abgeschliffen sind. Nach dem Schleifen werden die Kugeln in Trommeln mit Zusatz von Öl und reinem Kalk während einer Zeitspanne von ca. 6—8 Stunden poliert und nach erfolgtem Polieren mit Sägespänen abgetrommelt.

Die Revision. Aufgabe der Revision ist die Prüfung der Kugeln in bezug auf Härte, Zähigkeit und Genauigkeit der Herstellung. Sie ist demnach eine Kontrolle, die den Zweck hat, einwandfreie Fabrikate auf den Markt zu bringen. Die Kugeln werden einer Druck-, Bruch-, Elastizitäts-, Dampf- und Lichtprobe unterworfen, um unrichtig gehärtete Kugeln, d. h. überhitzte, mit Härterissen oder weichen Stellen behaftete, die eine große Gefahr für den Betrieb des Kugellagers bilden, herauszufinden. Aus einer Ofenbeschickung werden, soweit es sich um die Herstellung großer Kugeln handelt, einige Kugeln zur Prüfung auf Druckfestigkeit gewählt. Für kleine Kugeln würde dieses Verfahren zu umständlich und zu teuer werden. Die Bruchprobe, bei der einige Kugeln auf die Struktur des Bruches untersucht werden, wobei sich beispielsweise Überhitzung leicht feststellen läßt, ist eine Parallelprüfung. Die Einrichtung der Härteöfen garantiert im übrigen so gleichmäßige Arbeit, daß sich von diesen wenigen geprüften Kugeln auf die gesamte Ofenbeschickung schließen läßt.

Die Elastizitätsprobe beruht auf der Erfahrung, daß fehlerfreie, gehärtete Kugeln beim Aufschlagen auf gehärtete, geschliffene und polierte Stahlplatten bis zu einer gewissen Höhe zurückschnellen. Durch lange und sorgfältige Versuche mit normal gehärteten Kugeln ist eine Skala mit Vergleichswerten geschaffen, die eine genügend sichere Beurteilung der Härte zuläßt. Kugeln mit Härterissen und weichen Stellen erreichen wegen der Einbuße an Elastizität geringere Sprunghöhen als die Skala vorschreibt. Die Elastizitätsprobe pflegt wegen ihrer Kostspieligkeit ebenfalls nur auf einzelne Kugeln ausgedehnt zu werden, während die Prüfung sämtlicher Kugeln durch die Dampf- und Lichtprobe erfolgt[1]).

Die Dampfprobe beruht darauf, daß ein auf eine hochglänzend polierte Kugel geleiteter Dampfstrahl die Kugeloberfläche mit einem feinen Hauch überzieht, auf dem sich etwa vorhandene Härterisse als feine Äderchen abzeichnen und auf dem weiche Stellen matter erscheinen als harte. Als Ergänzung zu diesem Prüfverfahren dient die Lichtprobe, bei deren Anwendung eine auf ein Zählbrett gelegte Anzahl von Kugeln so belichtet wird, daß sich Härterisse und weiche Stellen durch einen matten Glanz abzeichnen. Die Wirkung wird dadurch erreicht, daß der Boden des Zählbrettes als Spiegelscheibe ausgebildet wird, und daß das Licht in geeigneter Weise durch Transparentpapier auf die Kugeln geworfen wird. Die Härterisse und weichen Stellen zeichnen sich deswegen ab, weil an ihnen die Lichtstrahlen in anderer Richtung bzw. nicht in dem Umfang als an den übrigen Stellen der Kugel reflektiert werden. Über die Entstehung der Härterisse und der weichen Stellen läßt sich sagen, daß die ersteren vorwiegend auf Spannungen zurückzuführen sind, die trotz des Ausglühens vom Pressen oder vom Schleifen herrühren, oder durch zu starke Überhitzung oder Abkühlung entstanden sind. Weiche Stellen entstehen meistens durch ungleichmäßige Abkühlung

---

[1]) Siehe A. Martens u. E. Heyn, Vorrichtung zur vereinfachten Prüfung der Kugeldruckhärte und die damit erzielten Ergebnisse. Z. Ver. deutsch. Ing. 1908, S. 1719. John J. Schneider, Die Kugelfallprobe. Mitteilungen über Forschungsarbeiten auf dem Gebiete des Ingenieurwesens, Nr. 19 und Z. Ver. deutsch. Ing. 1910, S. 1631.

beim Härten, dadurch, daß Kugeln zusammenkleben, wodurch der Zutritt der Kühlflüssigkeit an jener Stelle verhindert wird.

Die Kontrolle auf Maßhaltigkeit, das sog. „Sortieren", wird maschinell vorgenommen. Sehr kleine Kugeln werden gewöhnlich auf einem Apparat nach Fig. 30 sortiert. In eine Platte ist eine Anzahl von Lochreihen derart gebohrt, daß die nächstfolgende Reihe um eine Kleinigkeit größere Löcher hat als die vorhergehende. Die Stempel bewegen sich immer gleichmäßig, die unteren so, daß sie die Löcher passieren, die oberen derart, daß sie immer um einen Durchmesser der Kugeln davon entfernt bleiben. Die oberen Stempel sind einstellbar gelagert und durch schwache Spiralfedern belastet. Sie können nur einen ganz gelinden Druck ausüben. Die Kugeln werden nun durch die erste Lochreihe auf die Platte gefördert und gelangen zur nächsten Lochreihe. Kugeln, die mit

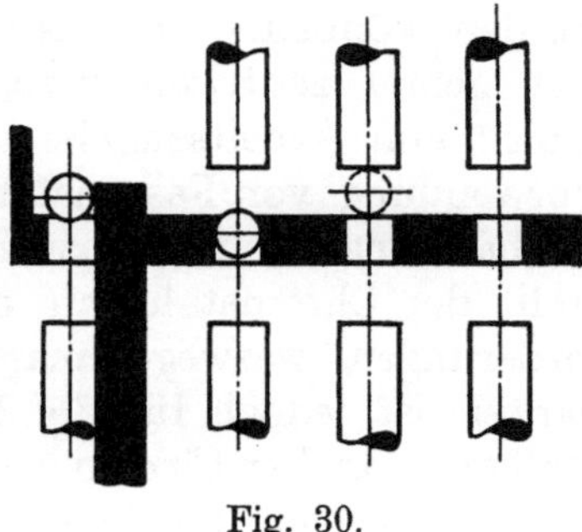

Fig. 30.

den Löchern genau im Durchmesser übereinstimmen bzw. völlig rund sind, fallen unter gelindem Stempeldruck hindurch. Die nicht hindurchgefallenen Kugeln werden immer durch den unteren Stempel nach der nächstfolgenden Lochreihe weiter gefördert und so fort, während die hindurchfallenden Kugeln durch die unter den Lochreihen angebrachten Sammelbehälter aufgefangen werden. Kleine und größere Kugeln werden vielfach durch das Abrollen auf einer aus zwei geneigten, nahezu parallelen Linealen bestehenden Bahn sortiert. Diese Lineale sind in bezug auf ihren Abstand sehr genau eingestellt und zwar so, daß ihr Abstand an dem unteren Teil der von ihnen gebildeten Kugellaufbahn um weniges größer ist als an dem oberen. Je nach der Größe der Kugeln werden diese mehr an dem oberen oder mehr an dem unteren Teil der Kugellaufbahn zwischen die Lineale hindurchfallen und dort in einem der verschiedenen Sammelbecken aufgefangen, die der betreffenden Größe entsprechen.

3. Herstellung und Prüfung der Kugellagerringe.

Abstechen und Drehen. Einige Firmen verwenden Stangen, die sie zu Scheiben abstechen und ausstanzen oder ausbohren, andere Fabriken benutzen Rohre. Für größere Lager werden in der Regel von den Hüttenwerken vorgeschmiedet gelieferte Scheiben benutzt. Mit Rücksicht auf die hohen Preise des Chromstahles ist auf rationelle Ausnutzung des Materials zu achten, weswegen die beim Ausstanzen der Ringe herausfallenden Scheiben wieder verwendet werden. Mehrfach aufeinanderfolgende Preßoperationen können jedoch leicht die Materialgüte beeinträchtigen; im übrigen sind sie wegen der unvermeidlichen Abkühlung mit einer Oberflächenhärtung der Ringe verbunden. Um diese Ringe für die Bearbeitung in der Dreherei geeignet zu machen und sie von Spannungen zu befreien, müssen sie mäßig und vorsichtig ausgeglüht werden; unsachgemäßes Ausglühen beeinträchtigt leicht die Güte des Materials. Die Dreherarbeiten bestehen in Ausbohren, Abflächen beider Stirnseiten, Überdrehen, Laufrilleneindrehen und Kantenbrechen. Sämtliche Arbeiten werden nach Vortoleranzlehren ausgeführt, damit die Arbeitszugaben nicht dem Belieben der Dreher überlassen bleiben. Die Größe der Vortoleranzen wird man darnach bemessen, ob die Drehbank oder die Schleifmaschine mehr belastet werden soll. Empfehlenswert dürfte das letztere sein, d. h. nur vorzuschruppen und das Schlichten der Schleifmaschine allein zu überlassen. Das Verfahren gestattet die Verwendung ungelernter Arbeiter für die Dreherarbeiten und wegen des Fortfalles der genauen Kontrolle eine wesentliche Erhöhung der Drehbankleistung.

Bei Benutzung von Rohrmaterial fällt das Stanzen oder Ausbohren, sowie das Glühen fort. Die Dreherarbeiten bleiben die gleichen, aber bei geringerem Materialabfall, wodurch die Mehrkosten für das Rohrmaterial wieder aufgewogen werden können. Chromstahlrohre werden bis zu 200 mm lichtem Durchmesser fast genau zentrisch gezogen. Die Rohrabmessungen sind so zu wählen, daß 4 bis 5 mm Arbeitszugabe vorhanden ist. Daß die Dreherarbeit durch ausgiebige Verwendung von Fassonstählen, sowie durch Benutzung von Revolverbänken und Halbautomaten möglichst zu verbilligen ist, versteht sich von selbst. Allerdings stellt der Chromstahl an diese Maschinen wegen seiner großen Härte hohe Anforderungen, weswegen manche Firmen von ihrer Benutzung absehen. Ihre Brauchbarkeit ist jedoch für die Herstellung kleiner Kugellagerringe erwiesen. Das Bestreben mancher Firmen geht dahin, selber leistungsfähige Automaten zu schaffen, auf denen sich möglichst sämtliche Dreherarbeiten in einem ununterbrochenen Arbeitsvorgang ausführen lassen.

Härten. Zum Erhitzen wird meistens das Salzbad wegen der ziemlich gleichmäßigen Temperatur, der Reinlichkeit des Betriebes und der Möglichkeit völligen Luftabschlusses bevorzugt. Das Salzbad besteht aus Chlorkalium mit Zusatz von Chlorbarium. Die Härtetemperatur liegt für Stangenmaterial zwischen 780 bis 820° C, Rohrmaterial verlangt als Höchsttemperatur ca. 800° C. Die Temperaturen werden durch Pyrometer in Verbindung mit Galvanometer festgestellt und ständig angezeigt. Die Salze werden in schmiedeeisernen Tiegeln, die durch Gas oder Öl geheizt werden, geschmolzen. Auch elektrische Härteöfen sollen gute Resultate liefern. Nach dem Härten werden die Ringe in Sägemehl abgetrommelt.

Schleifen. Die Bohrung des Innenringes und die Mantelfläche des Außenringes werden auf Innen- und Rundschleifmaschinen nach Toleranzkalibern und Toleranzrachenlehren bearbeitet. Das Schleifen der beiden Stirnflächen geschieht auf Rundschleifmaschinen oder auch mit Hilfe zweier horizontaler Schleifteller, von denen der obere sich dreht, während der untere, stillstehende, die Ringe aufnimmt. Es kommt hauptsächlich darauf an, daß die Stirnflächen planparallel sind und die Mantellinien lotrecht zu ihnen stehen. Geringe Maßabweichungen in der Breite sind dagegen belanglos.

Als letzte Schleifoperation wird das Rillenschleifen ausgeführt und zwar auf Spezialmaschinen, deren Schleifscheibe geschwenkt wird (s. Fig. 31) oder deren Schleifscheibe schräg zur Rille steht (siehe Fig. 32). Die Rille des Innenringes pflegt nach Toleranzlehren geschliffen zu werden, während die Rille des Außenringes meist so weit abgeschliffen wird, bis die für das Lager bestimmten Kugeln richtig hineinpassen. Diese Paßoperation ist die einzige, die in der Kugellagerfabrikation noch vorgenommen zu werden

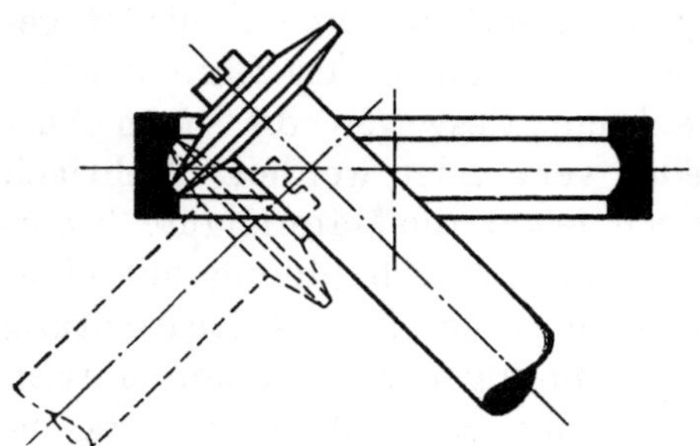

Fig. 31.

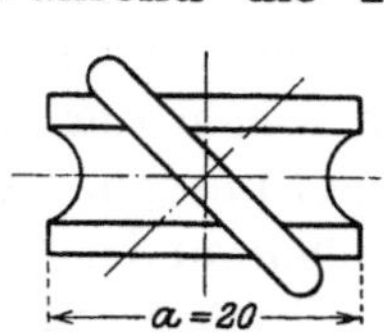

Fig. 32.

pflegt. Sie ist erforderlich, weil die Kugeln verschiedener Schleifchargen geringe Abweichungen voneinander aufweisen, die — so klein sie sind — für den Kugellagerbetrieb nicht außer acht gelassen werden dürfen.

Sollen die Lager ohne jede Paßoperation hergestellt werden und aus völlig auswechselbaren Teilen bestehen, so ist auf die Verwendung genau gleicher Kugeln besonderes Gewicht zu legen.

Das Spiel der Kugeln in den Rillen, der sog. „Durchschlag", ist verschieden groß zu wählen, je nachdem die Laufringe Gleit- oder Preßsitz erhalten.

Prüfung der Kugellagerringe während und nach der Herstellung. Die Revision der Dreharbeit erstreckt sich besonders auf die mit Rücksicht auf das Schleifen erforderlichen Zugaben in der Bohrung, der Laufrille, dem Außendurchmesser und der Laufringbreite. Zur Prüfung dienen Toleranzlehren, die von Zeit zu Zeit auf ihre Richtigkeit kontrolliert werden müssen. Außerdem wird in der

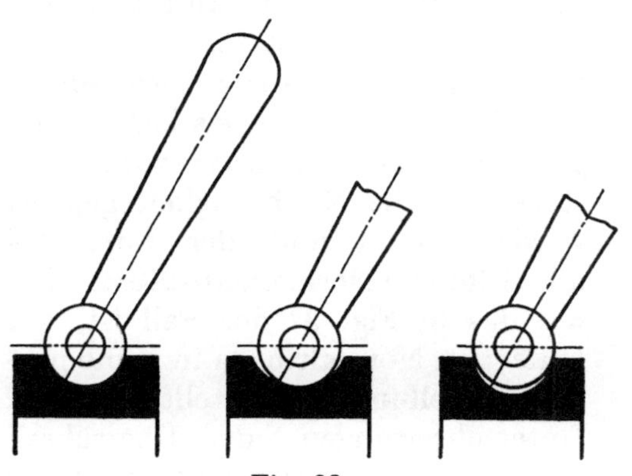

Fig. 33.

Fig. 34.

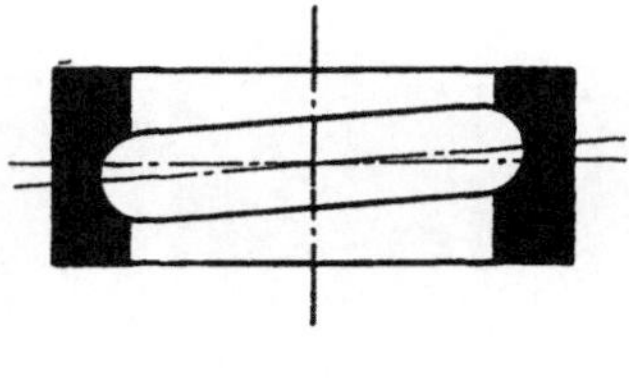

Fig. 35.

Revision der Form und der Lage der Rille und der Sauberkeit der Arbeit Aufmerksamkeit geschenkt. Die Form der Rille läßt sich mittels Lehren nach Fig. 33 prüfen. Insbesondere ist (mittels Mikrometerschrauben mit angeschliffenen Spitzen nach Fig. 34 oder durch die Hirth-Meßwerkzeuge) zu prüfen, ob die Rille nicht exzentrisch eingeschliffen ist (radialer Schlag) und ob ihre Mittelbahn planparallel zu den Seitenflächen der Ringe ist. Ringe, die in der letztgenannten Beziehung fehlerhaft sind, d. h. axialen Schlag (nach Fig. 35) besitzen, schließen die Gefahr des Verklemmens und damit diejenige der Zerstörung in sich.

An dieser Stelle sei das Hirth-Minimeter der Fortunawerke, Albert Hirth, Cannstatt, weil es eine wichtige Rolle in der Kugellagerfabrikation zu spielen berufen ist, kurz erwähnt.[1]

Das Minimeter ist ein Fühlhebel, der die Maße mittels Zeiger auf einer Skala anzeigt. Fig. 36 zeigt, in welcher Weise das durchgeführt ist. Die innere der beiden sichtbaren Stahlschneiden ist fest gelagert, die äußere dagegen an dem zum Messen dienenden beweglichen Stift, der aus dem Minimeter herausragt, befestigt. Je nach dem Maßverhältnis von x und y ist das Instrument mehr

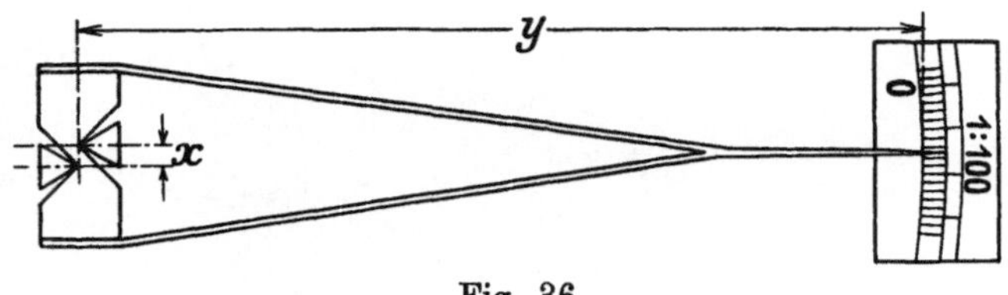

Fig. 36.

oder weniger feinfühlig. Bei dem Minimeter Fig. 36 ist das Übersetzungsverhältnis $\dfrac{x}{y} = \dfrac{1}{100}$, so daß sich $^1/_{100}$ mm des zu messenden Körpers durch 1 mm Zeigerausschlag kenntlich macht. Die Schneiden lassen sich jedoch gegeneinander verschieben, so daß das Maß x kleiner und damit das Instrument feinfühliger wird. Da es sich in der Kugellagerfabrikation zumeist darum handelt, ein und dasselbe Maß bei einer großen Anzahl von Stücken nachzuprüfen, hat das Minimeter, weil sich mit dem einmal eingestellten Apparat schnell arbeiten läßt, für die Kugellagerfabrikation bedeutende Vorzüge.

---

[1] Siehe auch: Bericht der Z. Ver. deutsch. Ing. 1909, S. 1043; Vortrag v. A. Hirth, veröffentlicht in den Mitteilungen des Württ. Bezirksver. des Ver. deutsch. Ing. 1910, S. 260; Zeitschr. für Werkzeugmaschinen und Werkzeuge 1909, S. 444 u. a.

Handelt es sich darum, lediglich relative Maße festzustellen, beispielsweise den Schlag von Kugellagern, so wird der Fühlstift des in ein Meßgerüst gespannten Minimeters an die Ringfläche geführt. Ist merklicher Schlag vorhanden, so findet bei Drehung des auf einem Dorn festgelagerten Laufringsystems ein Ausschlag des Fühlhebelzeigers statt. Aus der Größe des Zeigerausschlages ergibt sich dann die Größe des Lagerschlages. Soll im Gegensatz zum Vorstehenden die Maßhaltigkeit geprüft werden, dann muß der Fühlhebel mit Hilfe von Normalmaßstäben oder, wie das in Fig. 37 der Fall ist, mit Hilfe von Normalringen in seine normale Stellung eingestellt werden. Unterschreitungen oder Überschreitungen der vorgeschriebenen Maße zeigen sich dann später beim Messen durch Ausschlag des Zeigers nach der einen oder der andern Seite an. Das Minimeter und ähnliche Fühlhebelapparate dienen zum Messen der Außenring-Mantelflächen, der Innenring-Bohrung, des Kugellager-

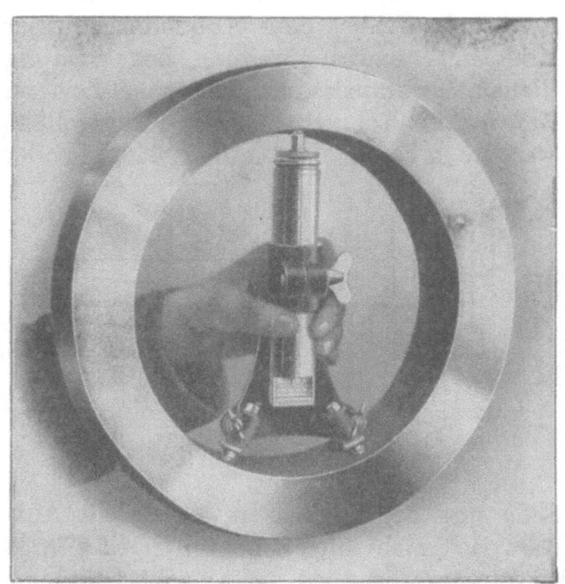

Fig. 37. Minimeter der Fortunawerke Alb. Hirth, Cannstatt.

schlages, der Seitenflächen und der Laufrillen. (Siehe Fig. 38.)

Die Schleifarbeiten, wie das Loch-, Außen-, Stirnfläche- und Laufrillenschleifen, sind mit außerordentlicher Gründlichkeit und Genauigkeit zu prüfen, wofür Toleranzlehren und die erwähnten Hirthschen Meßwerkzeuge benutzt werden.

Fig. 38. Meßwerkzeuge der S. K. F., Gothenburg.

Als Toleranz der Laufringe geben verschiedene der großen Firmen an:

für die Bohrung . . . . —0,01 mm
,, ,, ,, ... +0,005 ,,
für den Außendurchmesser . . . —0,015 ,, für kleine Lager,
,, ,, ,, . . . —0,030 ,, für größere Lager.

Breite der Laufringe und Höhe der Stützlager sind unwichtig.

Für die Bohrung ist die Plus-Toleranz kleiner als die Minus-Toleranz angenommen, um den Ring nicht zu lose auf der Welle sitzen zu lassen. Eine mäßige Unterschreitung der Bohrung ist, da sie lediglich einen strammeren Sitz zur Folge hat, weniger von Bedeutung als eine Überschreitung. Für den Außenring sind nur Unterschreitungen, nicht aber Überschreitungen der Maße zugelassen, damit auf alle Fälle leichte Verschiebbarkeit der Außenringe im Gehäuse gewahrt bleibt.

Die Materialeigenschaften der Ringe können durch die Fallprobe, die Feilprobe oder das Skleroskop geprüft werden.

Die Fallprobe (siehe auch S. 34), bei der die Ringe aus etwa 2 m Höhe auf eine gußeiserne Platte schlagen, scheidet überhitzte Ringe durch Zerspringen derselben aus und macht mit Härterissen behaftete Ringe durch den Klang, die geringere Sprunghöhe oder auch durch Zerplatzen kenntlich. Ungenügend gehärtete Ringe lassen sich dagegen schwer erkennen. Auch ist die geringe Sprunghöhe nicht immer ein zuverlässiges Zeichen. Man hat hier wohl die Feilprobe eingeschaltet, die darin besteht, jeden Ring mit der Feile anzufassen. Sie ist jedoch eine sehr unzuverlässige Untersuchung, die nur bei Benutzung scharfer Feilen einen leidlichen Grad von Zuverlässigkeit gewährt. Weitaus besser ist der bekannte Härteprüfer von Shore, mit dem die Härte durch die Höhe des Rückpralles eines kleinen Fallhammers bestimmt wird. Das Skleroskop arbeitet sehr zuverlässig, solange nicht mäßig überhitzte Ringe der Untersuchung unterliegen. Diese Ringe kennzeichnet die Prüfung nicht, wie es überhaupt derzeit hierfür kein der Massenfabrikation sich anpassendes Mittel gibt. Ringe, die sich verzogen haben, sucht man durch die Laufprobe zu ermitteln, indem sie auf einen Dorn geschoben und mit diesem gedreht werden, wobei der Schlag mit Hilfe von Fühlhebeln festgestellt wird.

4. Die Revision der fertigen Kugellager.

Trotz der scharfen Prüfung nach den einzelnen Operationen pflegt noch eine Gesamtprüfung des fertigen Lagers vorgenommen zu werden, da sehr leicht kleine Arbeitsungenauigkeiten, die die vorgeschriebenen Toleranzen nicht überschreiten, sich im Lager summieren können. Der Prüfung unterworfen werden:

Der Durchschlag des Lagers.
Der radiale Schlag der Lagerringe.
Der axiale Schlag der Lagerringe.
Die Kugeln.

Unter Durchschlag versteht man das Spiel des Innenringes gegenüber dem Außenring. Man unterscheidet axialen und radialen Schlag. Für Lager, die mit leichtem Sitz montiert werden, soll der Durchschlag $= 0$ sein. Für Lager, die mit Preßsitz montiert werden, richtet sich der Durchschlag nach der Größe des Preßsitzes. Versuche mit Preßsitzmontagen haben ergeben, daß ein Laufringsystem von d mm Bohrung, das auf eine Welle von $d + x$ mm Durchmesser getrieben wird, eine Vergrößerung des Innenring-Laufrillen-Durchmessers von ca. $^2/_3 x$ erfährt, jedoch verhalten sich einzelne Ringe oft sehr abweichend, so daß sich der Rillendurchmesser zuweilen sogar um mehr als x vergrößert. Aus diesem Grunde sind Montagen mit starkem Preßsitz für den guten Gang der Lager oft gefährlich.

Da der axiale Durchschlag größer ist und genauer festgestellt werden kann, als der radiale, mißt man bei Ermittlung des Durchschlags in der Regel den ersteren. Die Messung geschieht am besten so, daß der auf einem Dorn sitzende Innenring gegen den stillstehenden Außenring erst nach dem einen, dann nach dem andern Ende verschoben und der Durchschlag dabei durch Fühlhebel gemessen wird. Da die Ringe sich dehnen, ist die Größe des Ausschlages abhängig von dem Zug, mit dem der Ring bewegt wird. Für eine genaue Definition des Durchschlages ist also auch eine Norm für den Zug festzusetzen, mit dem die Ringe nach der einen und der anderen Richtung gedrückt werden. Derselbe kann beispielsweise in Abhängigkeit von Kugelzahl und Kugelgröße festgesetzt werden. Lager, die zu großen Durchschlag haben, werden mit etwas größeren Kugeln versehen, wobei sie ev. für die nächstgrößeren Kugeln passend geschliffen werden müssen.

Das Vorhandensein von ungleich großen oder unrunden Kugeln äußert sich durch ruckweises Laufen des von Hand in Drehung versetzten Außenringes (Nachprüfung durch Mikrometerschrauben).

Die Prüfung des radialen Schlages ist auf die auf S. 38 beschriebene Art möglich. Als höchstzulässiges Maß des Schlages kann 0,02 bis 0,03 mm angenommen werden. Der axiale Schlag läßt sich auf gleiche Weise unter Beobachtung der Seitenflächen mittels Fühlhebel feststellen.

Nur durch die beschriebene genaue Prüfung ist Gewähr vorhanden, daß die Kugellager jene hohe Genauigkeit besitzen, die verlangt werden muß, um unangenehme Betriebsüberraschungen zu vermeiden.

5. Herstellungsfehler und ihre Folgen.

Ungenügende Erwärmung der zu pressenden Rundmaterialstücke, die leicht vorkommt, hat zur Folge, daß eine innige Verbindung der Materialschichten miteinander nicht erreicht wird. Wird der Preßgrat (siehe Fig. 28) durch das Vorschleifen entfernt, dann sind an dieser Stelle die Fasern zerrissen, eine Gefahrzone ist geschaffen. Wird eine derartige Kugel unter hohen Druck gesetzt oder erhitzt sie sich, dann pflegt sie an den bezeichneten Stellen abzublättern. Durch die abgeblätterte unsymmetrische Kugel wird nun wiederum die Laufrille der Ringe aufgerauht und zerstört.

Überhitzte und mit Härterissen behaftete Kugeln, die der Revision entschlüpfen, zerspringen leicht und führen die Zerstörung des Lagers dadurch herbei, daß die Splitter unter die übrigen Kugeln gewalzt und die Ringe zersprengt werden. Weiche Stellen an den Kugeln werden unter der Belastung abgeplattet und zerstören durch die entstehenden scharfen Ränder die Laufrillen. Unrunde Kugeln erfahren beim Lauf des Kugellagers eine ungleichmäßige Belastung derart, daß sie bald unter-, bald überbelastet sind. Die Überlastung hat je nach dem Zähigkeitsgrad Abplattung oder Zerspringen der Kugeln zur Folge. Es können also die Herstellungsfehler der Kugeln auch die Zerstörung des ganzen Lagers verursachen. Überhitzte, sowie mit Härte- und Schleiffrissen behaftete Ringe unterliegen der Gefahr des Zerspringens in besonders hohem Maße, vorwiegend wenn sie wechselnden Belastungen sowie Erschütterungen und Stößen ausgesetzt sind.

Nicht genügend harte Ringe erfahren durch die Kugeln Eindrückungen, wodurch die Reibung und damit die Erhitzung steigt; das hat eine weitere Enthärtung zur Folge. Schief eingedrehte Rillen des Innen- oder Außenringes, sowie exzentrisch eingedrehte Rillen schließen ebenfalls die Gefahr der Verklemmung, Überlastung und Zerstörung in sich. Zu stark ausgebohrte Ringe vermögen sich auf der Welle abzurollen und dadurch allmählich die Welle zu zerschneiden bzw. sich in ungenauer Stellung auf der Welle festzufressen. Bei Lagern aus Einsatzmaterial kommt häufig Abbröckeln in der Laufrille vor, falls die Härteschicht sich nicht in gleichmäßiger Stärke auf den ganzen Umfang verteilt. Die Ursache kann im fehlerhaften Einpacken der Ringe im Härtepulver oder im unrichtigen

Aufstellen der Einsatzkästen im Gasglühofen liegen, oder auch darin, daß die nach dem Härten verzogenen Ringe an den verschiedenen Stellen der Laufrillen verschieden stark abgeschliffen werden müssen. Ist das der Fall, so sind die dünnen Schichten während des Betriebes nachgiebiger als die dickeren.

Nur durch eine scharfe Revision, in Verbindung mit genauer Montage, ist es möglich, die Zerstörung von Kugellagern auf ein Minimum zu beschränken und das Vertrauen zu den Kugellagern aufrecht zu erhalten.

IV. Konstruktion der Trag- und Stützkugellager.

1. Tragkugellager.

Kugelanzahl und Kugelmontage.

Die Zahl der Kugeln, die in ein Laufringsystem hineingeht, ergibt sich, wenn s die Entfernung der Mittelpunkte zweier Kugeln und D_m der Kugelmittenkreisdurchmesser ist, aus der Gleichung

$$\sin \frac{180}{n} = \frac{\frac{s}{2}}{\frac{D_m}{2}} = \frac{s}{D_m} \quad \text{(siehe Fig. 39).}$$

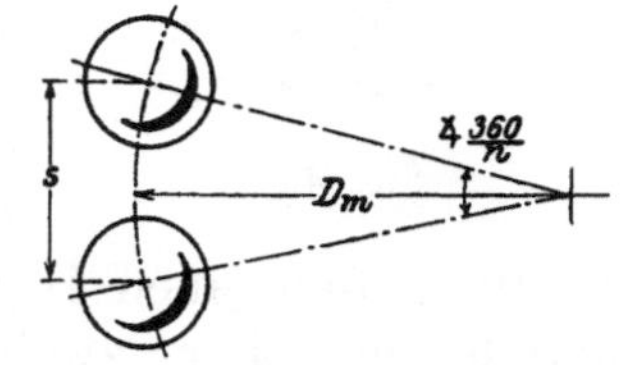

Fig. 39.

Mit Hilfe des aus der vorstehenden Gleichung ermittelten Zahlenwertes für $\sin \dfrac{180}{n}$ ist es möglich, die Kugelanzahl, die in ein bestimmtes Lager hineingeht, aus der folgenden Tabelle abzulesen.

$$\text{Werte für } \sin \frac{180}{n}.$$

Kugel-anzahl	$\sin \dfrac{180}{n}$	Kugel-anzahl	$\sin \dfrac{180}{n}$	Kugel-anzahl	$\sin \dfrac{180}{n}$	Kugel-anzahl	$\sin \dfrac{180}{n}$	Kugel-anzahl	$\sin \dfrac{180}{n}$
3	0,866	21	0,149	39	0,08	57	0,0551	75	0,0418
4	0,707	22	0,143	40	0,078	58	0,0541	76	0,0413
5	0,588	23	0,136	41	0,076	59	0,0532	77	0,0408
6	0,5	24	0,131	42	0,074	60	0,0523	78	0,0403
7	0,434	25	0,125	43	0,073	61	0,0516	79	0,0398
8	0,399	26	0,120	44	0,071	62	0,0507	80	0,0393
9	0,342	27	0,116	45	0,0697	63	0,0499	81	0,0388
10	0,309	28	0,112	46	0,0682	64	0,049	82	0,0383
11	0,281	29	0,108	47	0,0668	65	0,0483	83	0,0379
12	0,259	30	0,105	48	0,0655	66	0,0476	84	0,0374
13	0,239	31	0,101	49	0,0639	67	0,0469	85	0,0370
14	0,222	32	0,098	50	0,0628	68	0,0462	86	0,0365
15	0,208	33	0,095	51	0,0615	69	0,0455	87	0,0361
16	0,195	34	0,092	52	0,0604	70	0,0448	88	0,0357
17	0,184	35	0,090	53	0,0592	71	0,0442	89	0,0353
18	0,174	36	0,087	54	0,0582	72	0,0436	90	0,0349
19	0,165	37	0,085	55	0,0571	73	0,043	91	0,0345
20	0,156	38	0,083	56	0,0561	74	0,0424	92	0,0341

Der Wert von s ist im Minimum gleich dem Kugeldurchmesser vermehrt um den für den Käfig erforderlichen Platz. Das Maß s hängt also von der Käfigkonstruktion ab. Bei zweckmäßig konstruierten Käfigen beträgt es nicht mehr als ungefähr 1,2 d. Bei mehrrilligen Lagern läßt sich die Kugelentfernung mit Rücksicht auf den hierbei zur Verwendung kommenden andersartigen Käfig noch weiter verringern.

Für Vollkugellager ohne Käfig ist zwischen je zwei Kugeln ein Zwischenraum von 0,01 d bis 0,005 d vorzusehen. ($s = 1,01\,d$ bis $1,005\,d$.)

Tragkugellager mit undurchbrochener Laufbahn, wie sie von den D. W. F. ausgeführt werden, gestatten nur eine beschränkte Anzahl von Kugeln in die Laufbahnen einzuführen. Die Zahl der Kugeln, die in diese Lager eingeführt werden kann, hängt von den Abmessungen der Ringe und von der elastischen Dehnung des verwendeten Materials ab. Die Kugeleinführung erfolgt dadurch, daß die

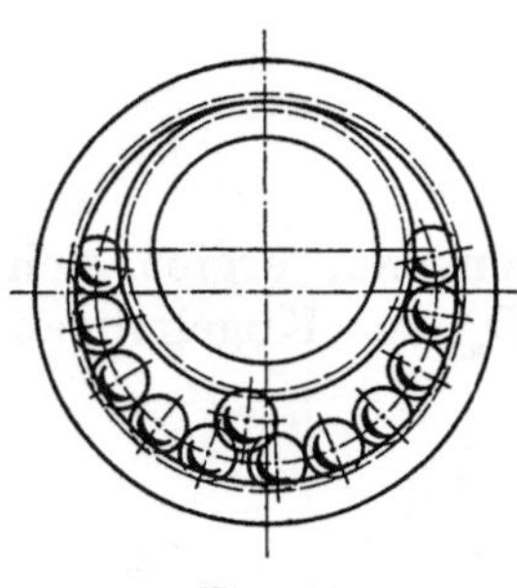

Fig. 40.

beiden Ringe nach Maßgabe der Fig. 40 in eine exzentrische Lage zueinander gebracht werden, wodurch es möglich wird, einen Teil des Kugelkreises (etwa $^2/_3$) mit Kugeln anzufüllen. Während der Verschiebung der Ringe von der exzentrischen in die zentrische Stellung werden nunmehr durch Gewalt noch einige Kugeln (zumeist 2 bis 3) in die Laufbahn gepreßt, d. h. der Außenring wird durch Hebelanschlag in radialer Richtung gegen den auf einem Zapfen sitzenden Innenring so bewegt, daß die zentrische Lage der beiden Ringe zueinander gewaltmäßig hergestellt wird. Während dieser Verschiebung der Ringe, die durch den einen Handhebel einer Eindruckvorrichtung erfolgt, werden nacheinander mit einem zweiten Handhebel die weiteren Kugeln in Richtung der Lagerachse mit einem Stempel in das Laufringsystem gepreßt. Das Einpressen wird dadurch erleichtert, daß sich die Ringe beim Einpressen etwas gegeneinander schwenken. Wie stark jeder der beiden Hebel in jedem Augenblicke angezogen werden muß, fühlt der Arbeiter auf Grund der Erfahrung.

Das Material wird bei der Einpressung wegen der auftretenden erheblichen Dehnungen stark beansprucht, so daß die Laufringe gleichzeitig einer Materialprüfung unterzogen werden. Je tiefer die Rillen sind, um so schwieriger wird das Hineinbringen der Kugeln. Bei einer Schulterhöhe von $h = ^1/_{12}\,d$ läßt sich unter Voraussetzung brauchbaren Materials $s = 1,56\,d$ wählen. Demnach ist die Kugelanzahl und damit die Tragkraft eines Vollkugellagers mit Einfüllöffnung und $s = 1,2\,d$ um das 1,3 fache höher als diejenige eines Lagers mit undurchbrochener Laufbahn von $s = 1,56\,d$.

Eine ähnliche Konstruktion, wie die der D. W. F. (früher von der Maschinenfabrik Rheinland, Düsseldorf, ausgeführt) besteht darin, daß die Schulterhöhe des Außenringes so klein gewählt wird, daß der letztere auf Grund elastischer Dehnung über die in die Laufrille des Innenrings gelegten Kugeln gefedert werden kann. Durch Abkühlung des Innenringes und mäßige Erwärmung des Außenringes wird die Montage erleichtert. Das Verfahren gestattet im Gegensatz zu demjenigen der D. W. F., das Laufringsystem völlig mit Kugeln auszufüllen. Diesem Vorteil steht aber der Nachteil gegenüber, der in der niedrigen Schulterhöhe des Außenringes besteht. Die Schulterhöhe dieser Lager beträgt durchschnittlich $h = ^1/_{40}\,d$. Besonders, wenn das Lager axialen Belastungen ausgesetzt wird, unter denen sich der Außenring noch etwas dehnt, ist die Gefahr vorhanden, daß die Rillentiefe (die für 20 mm-Kugeln also beispielsweise 0,5 mm beträgt) nicht ausreicht, um ein gutes Anschmiegen der Laufbahn an die Kugeln zu gewährleisten.

Die Verwendung undurchbrochener Laufbahnen, wie die vorbeschriebenen, galt lange Zeit als besonderer Vorzug, da die ursprünglich angewendeten Einfüllöffnungen die Ursache dauernder Betriebsstörungen waren. Die Durchbrechungsstelle führte zur Zerstörung der Kugeln, während umgekehrt die beschädigten Kugeln wiederum die Laufbahnen zerstörten. Ferner waren die Einfüllöffnungen so ausgeführt, daß sie eine wesentliche Schwächung der Ringe zur Folge hatten. Bei den älteren Lagern dieser Art wurden die Einfüllöffnungen durch sog. Verschlußstücke ausgefüllt. Die Befestigung der letzteren an den Laufringen erfordert das Anbohren der Ringe, worauf die wesentliche Schwächung der Ringe zurückzuführen ist. Wegen der Verwendung gehärteten Stahles treten an der geschwächten Stelle leicht Brüche auf.

Das Mißtrauen gegenüber den Einfüllöffnungen ist bei dem heutigen Stand der Fabrikation vollkommen unberechtigt, da die von der Firma Malicet & Blin, Aubervilliers, zuerst eingeführten und jener Firma geschützten halbtiefen Einfüllöffnungen die Zuverlässigkeit der Lager in keiner Weise vermindern. Wesentlich an den halbtiefen Einfüllöffnungen ist, daß sie den Lauf der Kugeln während des Betriebes nicht beeinträchtigen. Die Einfüllöffnung reicht nämlich nicht bis auf den Grund der Laufrillen, vielmehr werden die Kugeln mit Gewalt durch die Einfüllöffnungen gepreßt, so daß sie nach dem Einpressen auf einer völlig unverletzten Laufbahn rollen. Auf Grund der hohen elastischen Dehnung des Laufringmaterials ist es möglich, die Kugeln ohne bleibende Formänderung durch die Einfüllöffnung zu pressen. Wenn die Laufringe an den Einfüllstellen auch nur eine sehr geringe Schulterhöhe von 0,1 bis 0,3 mm haben, so genügt dieselbe doch vollkommen, um den Betrieb genau so zu gestalten, als wenn die Laufrille überhaupt nicht durchbrochen wäre. Selbst unter Berücksichtigung des Umstandes, daß sich die Kugeln im Zustand der Belastung in die Unterlage eindrücken, bleiben sie im Bereich der Einfüllöffnung ungefährdet (s. Fig. 41). Lager mit zweckentsprechender Einfüllöffnung sind daher bei sachgemäßer Herstellung denjenigen mit undurchbrochener Laufbahn stets vorzuziehen, da sie wegen der größeren Kugelzahl um etwa $30^0/_0$ höher belastet werden können als diese. Verschiedene andere Firmen (Fichtel & Sachs, Maschinenfabrik Rheinland, Schmid-Roost u. a.), welche die Lizenzen des Malicet & Blin-Patentes erworben haben, führen ebenfalls Lager mit halbtiefer Einfüllöffnung aus.

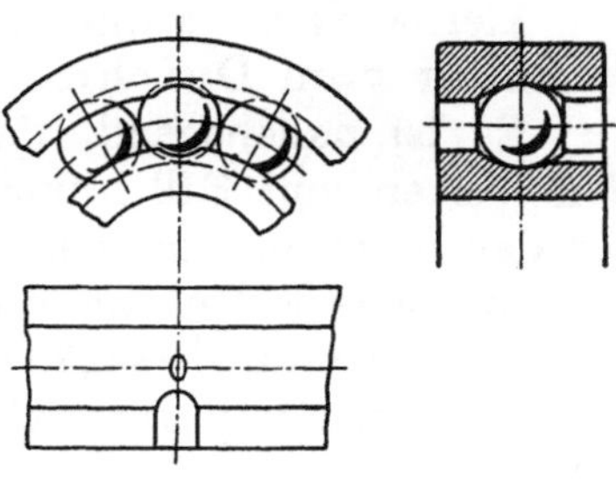

Fig. 41.

Die volltiefen Einfüllöffnungen reichen bis an die Mittelebene der Kugellaufbahn. Jede Kugel wird in dem Augenblicke, in dem sie die Einfüllöffnung passiert, teilweise entlastet, da die Schulter auf der einen Ringseite fehlt und die Kugel die Möglichkeit hat, nach dieser Seite hin auszuweichen. Sofern die Einfüllöffnung in der belasteten Zone liegt, ist also die Gefahr vorhanden, daß die Kugeln Stößen ausgesetzt werden. Die ursprünglichen Bestrebungen, die Ringe im Gehäuse so zu fixieren, daß die Einfüllöffnung in die unbelastete Zone fällt, haben sich als nicht durchführbar erwiesen.

Anschmiegung und zulässige Belastung.

Die wichtigsten für die Konstruktion von Laufringsystemen und Stützkugellagern vorkommenden Laufbahnen sollen nachstehend in bezug auf ihre Form behandelt werden.

Erster Fall. Kugel gegen ebene Platte. Es wird gemäß S. 6 der Anschmiegungsfaktor: $\sigma^2 = 1$.

Zweiter Fall. Kugel gegen Hohlzylinder vom Halbmesser $r = {}^2/_3\,d$. Anschmiegungsfaktor: $\sigma^2 =$ ca. 3 (theoretisch nach Hertz $= 3,56$).

Fall 2 hat nur für Stützkugellager Bedeutung. Besonders bei geringen Tourenzahlen gestattet die enganschmiegende Laufrille eine bedeutende Erhöhung der Belastung. Bei steigender Tourenzahl ist die zulässige Belastung gemäß der auf S. 25 gemachten Angaben zu verringern.

Dritter Fall. Kugel gegen Hohlkugel bzw. Kugel. Es wird für den Außenring (Verhältnis der Kugeldurchmesser $D : d = 7 : 1$):

$$\frac{1}{d_r} = \frac{1}{d} - \frac{1}{7d} = \frac{6}{7d} \quad \text{bzw.} \quad d_r{}^2 = 1{,}36\,d^2, \quad \text{Anschmiegungsfaktor} \quad \sigma^2 = 1{,}36,$$

Innenring (Verhältnis der Kugeldurchmesser $1 : 5$):

$$\frac{1}{d_r} = \frac{1}{d} + \frac{1}{5d} = \frac{6}{5d} \quad \text{bzw.} \quad d_r{}^2 = 0{,}7\,d^2, \quad \text{Anschmiegungsfaktor} \quad \sigma^2 = 0{,}7.$$

Die Anschmiegung an den Außenring ist für den vorstehenden Fall also doppelt so groß als diejenige an den Innenring. Tragkraft des Innenringes also nur etwa $50^0/_0$ von derjenigen des Außenringes.

Vierter Fall. Kugel gegen Zylinder vom Durchmesser $5\,d$ bzw. Hohlzylinder vom Durchmesser $7\,d$.

Es ist naheliegend, daß der Anschmiegungsfaktor des Außenringes zwischen den Werten von Fall 1 und 3 liegt, also für den Außenring zwischen 1,36 und 1, für den Innenring zwischen 0,7 und 1. Selbstverständlich ist er nicht genau das arithmetische Mittel aus diesen Zahlen, jedoch dürfte die Annahme von $\sigma^2 = 1{,}2$ (Außenring) und $\sigma^2 = 0{,}85$ (Innenring) keine bedeutenden Fehler in sich schließen. Die Anschmiegung für Fall 4 zeigt, daß der Unterschied zwischen dem Außen- und Innenringe nicht so groß ist als für den Fall 3 (kugelige Laufbahnen). Die Tragkraft des Innenringes ist für Fall 4 bei den angenommenen Werten von 1,2 und 0,85, 25 bis $30^0/_0$ kleiner als diejenige des Außenringes.

Fünfter Fall. Kugel gegen Laufrillen von Tragkugellagern $(r = {}^2/_3\,d)$. Die Übersichtlichkeit für diesen Fall ist gering, da genaue rechnungsmäßige Untersuchungen nicht vorliegen.

Ungefähr wird sich $\dfrac{\text{Fall } 5}{\text{Fall } 2}$ wie $\dfrac{\text{Fall } 4}{\text{Fall } 1}$ verhalten, wonach für Fall 5 der Anschmiegungsfaktor:

$$\sigma_a{}^2 = \frac{3 \cdot 1{,}2}{1} = 3{,}6 \quad \text{(für den Außenring)},$$

$$\sigma_i{}^2 = \frac{3 \cdot 0{,}85}{1} = 2{,}5 \quad \text{(für den Innenring)}.$$

Tatsächlich geht man in der Praxis mit r noch unter ${}^2/_3\,d$, und zwar wird der Rillenradius des Innenringes zumeist kleiner als derjenige des Außenringes gewählt, um zu erreichen, daß die spezif. Belastung des Innenringes möglichst nicht größer als diejenige des Außenringes wird. Bei den D.W.F.-Lagern ist auf Grund umfangreicher Laufversuche

$$r_a = 0{,}56\,d \quad \text{(Außenring)}$$

$$r_i = 0{,}52\,d \quad \text{(Innenring)}$$

gewählt.

Bei diesen Abrundungsradien bleibt die Tragkraft des Innenringes offenbar nicht wesentlich hinter derjenigen des Außenringes zurück, jedenfalls sind derartige Beobachtungen bei den D.W.F.-Lagern nicht gemacht. Die vorgenommenen Versuche gestatten, die nachfolgende überschlägige Zusammenstellung zu machen (Werte gelten für Tourenzahlen bis etwa 500).

	Hohl- zylindr. $(r = {}^2/_3 d)$	Kugelige Laufbahnen		Zylindrische Laufbahnen		Laufringsystem mit Laufrille vom Halbmesser	
Ebene Laufbahn		Außen- ring	Innen- ring	Außen- ring	Innen- ring	$r_i = {}^2/_3 d$ im Innen- ring	$r_i = 0{,}52 d$ im Innen- ring
Fall 1	Fall 2	Fall 3		Fall 4		Fall 5	Fall 5a
Anschmiegungs- faktor	1	ca. 3	1,36	0,7	1,2	0,85	ca. 2,5
Zulässige spezif. Kugelpressung (d in cm)	60	Für Stütz- kugell. von $\dfrac{n \leqq 10}{180}$	80	40	70	50	110

Der Wert einer enganschmiegenden Laufrille wird um so größer, je geringer die Tourenzahl ist, da der mit der größeren Anschmiegung verbundene größere Verschleiß bei den geringen Tourenzahlen nicht so sehr ins Gewicht fällt.

Sonderausführungen von Tragkugellagern.

Lager der Norma-Compagnie. Das in Fig. 42 dargestellte Laufringsystem der Norma-Compagnie zeichnet sich durch eine zylindrische Kugellaufbahn des Außenringes aus. Der letztere besitzt jedoch in der Regel auf der einen Ringseite eine Schulter, die eine axiale Fixierung in einer Druckrichtung gestattet. Die Fixierung einer Welle nach beiden Seiten ist nur dann möglich, wenn mindestens zwei symmetrisch angeordnete Laufringsysteme zur Anwendung kommen.

Bezüglich der Tragkraft des Außenringes entsprechen die Lager also ungefähr den oben unter Fall 4 behandelten; ihre Tragkraft bleibt demnach nicht unwesentlich hinter derjenigen der Rillenlager zurück. Trotzdem werden sie für Spezialfälle, in denen seitliche Beweglichkeit und Auswechselbarkeit der Ringe gefordert wird und in denen die Tragkraft eine untergeordnete Rolle spielt, viel verwendet, beispielsweise zur Lagerung der Wellen von Magnetzündapparaten.

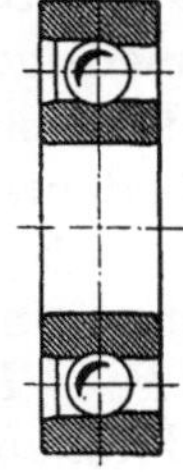

Fig. 42.

Ein Vorzug der seitlich abziehbaren Außenringe ist, daß der Käfig als Ganzes mit den Kugeln gemeinsam montiert werden kann. Die Kugeln müssen lediglich so viel elastische Nachgiebigkeit im Käfig haben, daß sie über die Schulter des Innenringes gefedert werden können. Sobald das geschehen ist, kann der zylindrische Außenring über die Kugeln gestreift werden. Die Laufringsysteme werden nach den Normalien auf S. 58 u. 59 hergestellt.

Doppelrillige Lager mit Laufrillen im Außen- und Innenring. Dieselben bieten unter Voraussetzung völlig genauer Herstellung die Möglichkeit größerer Belastung als einreihige Lager gleicher Abmessungen.

Da die Querschnitte von Laufringen mit Rücksicht auf die Herstellung ein gewisses Maß nicht unterschreiten dürfen, ist die Laufringbreite einreihiger Lager wesentlich größer als der Kugeldurchmesser. Aus diesem Grunde ist es möglich, in ein gleich- oder nur wenig breiteres Lager zwei Reihen Kugeln von gleichem Durchmesser unterzubringen. Daraus ergibt sich eine relative Erhöhung der Tragkraft zweireihiger Lager, die noch dadurch erhöht wird, daß die Kugelanordnung, wie Fig. 84 zeigt, so getroffen wird, daß beide Kugelreihen sehr dicht aneinander gerückt werden können. Die Verwendung von zwei Kugelreihen gestattet auch die Benutzung eines Käfigs, der sehr wenig Platz raubt. Die Laufringbreite ist etwa maximal gleich dem doppelten Kugeldurchmesser (die Breite der einrilligen Laufringsysteme pflegt gleich dem $1^1/_2$fachen oder ev. gleich dem 2fachen Kugeldurchmesser zu sein).

Die Herstellung ist jedoch wesentlich schwieriger als diejenige einreihiger Lager, weil es schwer ist, die Belastung gleichmäßig auf beide Laufrillen zu verteilen. Bedingung ist, daß die Laufkreisdurchmesser des Innenringes und diejenigen des Außenringes gleichgroß sind, und daß insbesondere der Durchschlag in beiden Kugelreihen der gleiche ist. Die genaue Einhaltung der voneinander abhängigen Maße ist bei der praktischen Herstellung sehr schwierig, weswegen diese doppelrilligen Lager verhältnismäßig teuer herzustellen sind. Selbst wenn das Lagergehäuse und in gleicher Weise die Außenseite des Außenringes ballig hergestellt werden, schließen die Lager bei Wellendurchbiegungen die Gefahr von Verklemmungen in sich, da die Reibung

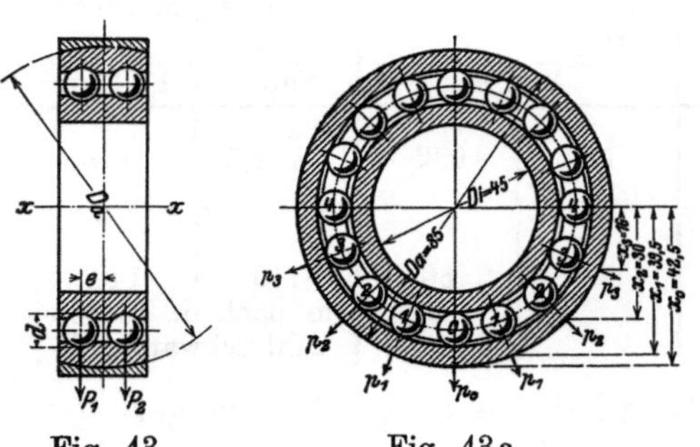

Fig. 43.   Fig. 43 a.

zwischen dem Außenring und Gehäuse zu groß ausfällt, um eine leichte Einstellung der Ringe zu ermöglichen. Bei starken Wellendurchbiegungen sind die Lager sogar gefährlicher als einreihige, da sie weniger nachgiebig als diese sind. Die Kugelform des Außenringes soll auch nur einmalige Montagefehler, nicht aber die aus Wellendurchbiegungen entstehenden Einflüsse unschädlich machen.

Wenn auch die rechnungsmäßige Feststellung der beim Schwenken der Ringe auftretenden Widerstände schwierig ist, so läßt sich selbst bei Annahme sehr niedriger Reibungskoeffizienten doch durch die Rechnung ohne weiteres feststellen, daß die während des Schwenkens auftretenden zusätzlichen Kugelpressungen sehr bedeutend sind.

Bei Durchbiegung der Welle verstellt sich das Laufringsystem dadurch, daß die eine Kugelreihe stärker belastet ist als die andere, so daß ein Drehmoment $(P_1 - P_2) \cdot e$ entsteht, das das Reibungsmoment zu überwinden hat. Es wird demnach für das in Fig. 43 u. 43a dargestellte zweirillige Kugellager von 16 Kugeln pro Kugelreihe mit dem Kugeldurchmesser d und einem Außenringdurchmesser $D_a \sim 9\,d$, der Kugelreihenentfernung von der Mittelebene $e = 0{,}75\,d = 7\,\text{mm}$

$$(P_1 - P_2) \cdot e = \mu \cdot (p_0 \cdot x_0 + 2 \cdot p_1 \cdot x_1 + 2\,p_2 \cdot x_2 + 2 \cdot p_3 \cdot x_3).$$

Der Reibungskoeffizient μ soll mit 0,15 angenommen werden, wobei er dem Reibungskoeffizienten der Ruhe von Gleitlagern entspricht.

Die Wahl von μ für vorstehende Gleichung bietet gewisse Schwierigkeiten. μ wird unter günstigen Verhältnissen (Berücksichtigung der reibungsvermindernden Vibrationen) vielleicht 0,1 unterschreiten, jedoch bei ungünstigen Verhältnissen anwachsen und vielleicht auch Werte bis zu 0,2 annehmen. Die Drücke p_0, $p_1 \ldots$ beziehen sich stets auf zwei nebeneinander liegende Kugeln zusammengenommen. Nach Gleichung S. 23 wird:

$$p_1 = p_0 \cdot \cos^{3/2} 22{,}5^0 = 0{,}885\,p_0 \qquad\qquad p_2 = p_0 \cdot \cos^{3/2} 45^0 = 0{,}59\,p_0$$
$$p_3 = p_0 \cdot \cos^{3/2} 67{,}5^0 = 0{,}238\,p_0$$
$$(P_1 - P_2) \cdot 7 = 0{,}15 \cdot (p_0 \cdot 42{,}5 + 2 \cdot 0{,}885\,p_0 \cdot 39{,}5 + 2 \cdot 0{,}59\,p_0 \cdot 30 + 2 \cdot 0{,}238\,p_0 \cdot 16).$$
$$P_1 - P_2 = \frac{0{,}15 \cdot p_0 \cdot (42{,}5 + 70 + 35{,}5 + 7{,}6)}{7} = 3{,}4\,p_0.$$

Die sich auf $2 \cdot 16$ Kugeln verteilende Doppellast wird nach der Gleichung auf S. 23:

$$P_1 + P_2 = \frac{16 \cdot p_0}{4{,}37} = 3{,}7\,p_0.$$

Durch Addition der beiden vorstehenden Gleichungen ergibt sich

$$2\,P_1 = 3{,}4\,p_0 + 3{,}7\,p_0 = 7{,}1\,p_0 \qquad P_1 = 3{,}55\,p_0,$$

das heißt, P_1 beträgt 96%/$_0$ der Totallast, so daß die linke Kugelreihe im Augenblick des Schwenkens fast die ganze Last aufzunehmen hat, während die rechte Kugelreihe fast unbelastet ist.

Kugelballige Laufbahn. Die kugelballigen Laufbahnen gestatten das Schwenken der Ringe während des Wellenlaufes. Eine Welle, die sich während des Laufens durchbiegt, hat das Bestreben, die auf ihr montierten Kugellager-Innenringe gegen die Außenringe zu verdrehen. Sind beide Laufringe mit Laufrillen versehen, so ist diese Verdrehung ohne Formänderung überhaupt nicht möglich. Ist dagegen der eine mit eng anschmiegenden Laufrillen, der andere mit kugelballiger Laufbahn versehen, so kann eine Verdrehung stattfinden; allerdings nur dadurch, daß die Kugeln unter gleitender Reibung auf der kugelballigen Fläche verschoben werden. Wie groß die zum Schwenken des unbelasteten Lagers erforderlichen Kräfte sind, läßt sich leicht dadurch feststellen, daß man den Außenring in einem Drehbankfutter in Drehung versetzt und den Innenring von Hand schwenkt. Es zeigt sich, daß bei hohen Tourenzahlen das Schwenken mit geringem Kraftaufwand möglich ist.

Die Gefahr, die das Verklemmen der Ringe mit sich bringt, wird in der Regel sehr unterschätzt. Bei dünnen, in großem Abstand gelagerten schnellaufenden Wellen sind Verklemmungen fast unvermeidbar.

Bei oberflächlicher Überlegung scheint es so, als wenn die Tragfähigkeit der Lager wegen des Verzichtes auf die zumeist übliche, sich eng an die Kugeln schmiegende Laufrille außerordentlich vermindert und der Vorteil des genaueren Laufens durch den Nachteil der in den Kauf genommenen geringeren Tragkraft mehr als aufgehoben wird. Bei dieser Betrachtung ist jedoch zu berücksichtigen, daß bei gleichem Laufrillenradius für Innen- und Außenring die Tragkraft des Außenringes größer als diejenige des Innenringes ist. Da auch bei den Lagern der Swenska-Kugellagerfabriken, denen die sphärische Laufbahn in den meisten Ländern geschützt ist, die Innenringe Laufrillen erhalten, ist es möglich, durch entsprechende Wahl des Laufrillenradius den Innenring genau so tragfähig als den Außenring zu machen. Dabei ist es zwecks Erreichung gleicher Tragkraft für Außen- und Innenring nicht nötig, den Innenring so eng an die Kugeln anzuschmiegen, wie beispielsweise bei den auf S. 45 unter Fall 5 und 5a behandelten Innenringen. Durch diese Verringerung der Anschmiegung verringert sich auch der Verschleiß, was um so mehr ins Gewicht fällt, je höher die Tourenzahlen sind. Andererseits spielt bei hohen Tourenzahlen der größere Verschleiß der eng anschließenden Laufrillen eine Rolle, weswegen es nicht angängig ist, die Lager im Verhältnis ihrer Anschmiegungen zu belasten.

Für die Beurteilung der Tragkraft eines Lagers ist ferner die gesamte Herstellung des Lagers zu berücksichtigen. Da die Verwendung des sphärischen Außenringes es leicht ermöglicht, die Laufringsysteme als doppelreihige Lager herzustellen, verschiebt sich der Vergleich noch weiter zugunsten des doppelreihigen Lagers mit kugelballiger Laufbahn. Gegenüber den doppelreihigen Lagern mit Rillen im Außenring haben diejenigen mit sphärischer Laufbahn des Außenringes den großen Vorzug, daß der Außenring sich so einstellt, daß beide Kugelreihen gleichmäßig tragen. Die bei den zweirilligen Lagern mögliche Gefahr, daß eine Rille großen, die andere geringen Durchschlag hat, scheidet hier aus.

Das Hineinfüllen der Kugeln geschieht derartig, daß der Außenring über den Innenring nach Maßgabe der Fig. 44 geschwenkt wird. Das vor dem Schwenken nötige Hineinschieben des Innenringes in den Außenring wird dadurch möglich, daß die Kugeln an den Polen oben und unten vor dem Hineinschieben entfernt werden. Dann wird der Innenring mit dem Käfig um andere Pole herausgeschwenkt und die noch fehlenden Kugeln eingefüllt. Nachdem die Ringe in die endgültige Lage zueinander gebracht sind, ist die Gefahr ausgeschlossen, daß Kugeln aus dem Lager herausfallen. Unter Berücksichtigung der aufgeführten Gründe wird verständlich, daß Kugellager mit sphärischer Laufbahn unter günstigen Umständen im Zustand der Ruhe bereits die gleiche Tragfähigkeit wie einreihige Rillenlager gleicher Abmessungen haben können. Da bei ihnen ferner die Gefahr vermindert wird, daß durch Verklemmungen Überlastungen eintreten, sind für den Betrieb in vielen Fällen größere spezifische Belastungen als für einrillige Lager zulässig.

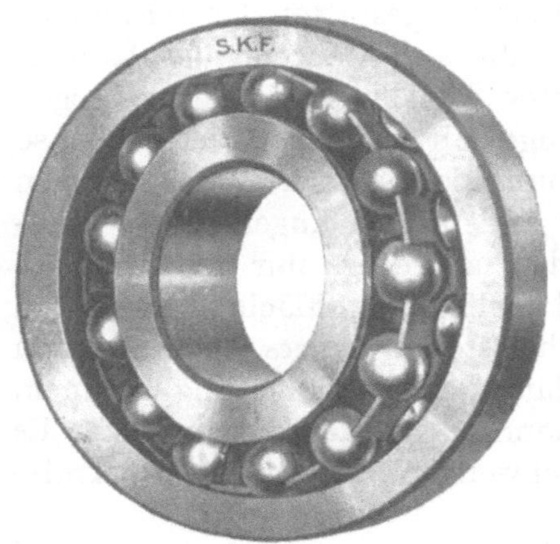

Fig. 44.

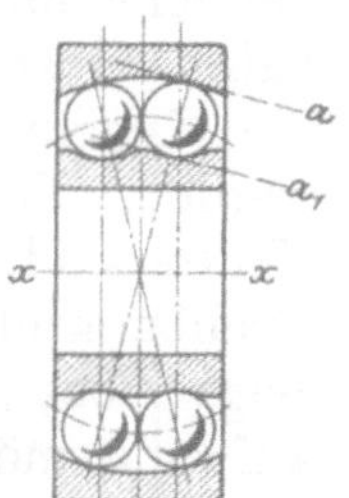

Fig. 45.

Beim S. K. F.-Lager sind die an die Berührungspunkte gelegten Tangenten a und a_1 (Fig. 45) parallel. Theoretisch genaues Abrollen der Kugeln ist jedoch nur möglich, wenn a, a_1 und x sich in einem Punkte schneiden. Es findet also bis zu einem gewissen Grade ein Gleiten der Kugeln statt.

Wellen, die sich während des Betriebes stark durchbiegen oder auf denen die Laufringsysteme schief montiert sind, rufen bei jeder Umdrehung erneut wiederkehrende Schwenkungen der Ringe hervor. Dieser heftigen Bewegung werden die Lager mit einer kugelballigen Laufbahn nicht gerecht. Die gleitende Reibung zwischen den Kugeln und ihrer Laufbahn ist so groß, daß die Gleitbewegung mit beträchtlichen Pressungen der Kugeln verbunden ist. Trotzdem sind die Betriebsverhältnisse wesentlich günstiger als diejenigen eines normalen Lagers, das im Innen- und im Außenring mit Laufrillen versehen ist.

Kugelballige Gestaltung beider Laufbahnen bietet einen noch stärkeren Schutz gegen Verklemmung, da die Kugeln sich auch während des Schwenkens in jedem Augenblick vollkommen abrollen können. Da die Kugelführung jedoch Schwierigkeiten bietet und die Tragkraft solcher Lager etwa nur halb so groß als für die vorbeschriebenen ist, kommt ihre Verwendung nur dann in Frage, wenn die Schwenkungen sehr heftig sind, wie beispielsweise bei manchen Zentrifugenkonstruktionen.

Konuslager. Die zulässige Belastung von Konuslagern ist noch geringer als diejenige von Tragkugellagern mit zylindrischer Laufbahn. Sie ist abhängig von der Laufrille, da von dieser nicht nur die spezifische Flächenpressung, sondern auch der bei Konuslagern nicht zu vernachlässigende Verschleiß abhängt. Starker Verschleiß nötigt zur Verminderung der spezifischen Belastung. Liegen die Berührungspunkte der Kugeln mit den Ringen auf einem Kegel vom Spitzenwinkel 2α, so entfällt, wenn nur ein Tragdruck P auf das Lager wirkt, auf die Kugeln ein Druck $\dfrac{P}{\sin \alpha}$. Wirkt nur ein Stützdruck P, dann werden die Kugeln zusammen mit $\dfrac{P}{\cos \alpha}$ belastet. Zumeist sind sowohl Trag- wie Stützdrucke aufzunehmen, wodurch die Lastverteilung verwickelter wird.

Die Konuslager haben den Vorzug billiger Herstellung und leichter Montage (einzelne Kugeln können leicht ausgewechselt werden), den Nachteil geringer Tragfähigkeit und verhältnismäßig großer gleitender Reibung. Dagegen wird bei Verwendung der Konuslager die Konstruktion überall dort, wo außer den Tragdrücken auch noch Axialdrücke auftreten, sehr einfach, weil der Einbau gesonderter Stützkugellager überflüssig wird. Aus diesem Grunde sind die Konuslager im Fahrradbau sehr verbreitet. Auch sonst finden sie für die Lagerung kleiner, gering belasteter Wellen vielfach Anwendung. Im Apparatebau ist ihre Verwendung jedoch zu vermeiden, sobald auf genaues zentrisches Laufen der Wellen Gewicht gelegt wird, also beispielsweise für Meßapparate. Mit Rücksicht auf die Form der Laufbahn und die Fabrikation kann genau zentrisches Laufen nicht garantiert werden.

Dimensionierung der Traglager.

Für die Querschnittbestimmung der Ringe sind maßgebend: Die Rücksicht auf Bruchfestigkeit, sowie die Rücksicht auf etwaige beim Härten eintretende Deformationen.

Die Ringquerschnitte lassen sich leicht an Hand der Tabellen auf S. 58 bis 61, die für so ziemlich alle vorkommenden Fälle Aufklärung geben, wählen. Bei Lagern mit Kugeln von großem Durchmesser (50 mm oder mehr) richtet sich die Breite des Laufringsystems nach dem Kugeldurchmesser. Die Ringe werden so breit gewählt, daß der Käfig seitlich nicht vorsteht. Da Kugeln mit mehr als $2^1/_2''$ (63,5 mm) selten verwendet werden, kann 80 mm als die größte Breite einrilliger Laufringsysteme bezeichnet werden. Die Lager der Tabelle IIIa auf S. 60 sind fast alle (von 140 mm bis 230 mm Bohrung) 80 mm breit. Der Grund liegt darin, daß das System 428 bereits $2^1/_2''$-Kugeln enthält und daß auch für die übrigen, größeren Systeme $2^1/_2''$-Kugeln beibehalten wurden.

Die Verteilung der Last auf viele Punkte durch Benutzung kleiner Kugeln erhöht die Gleichmäßigkeit des Laufes. Die Benutzung weniger großer Kugeln vermindert die Reibungswiderstände und erhöht die Widerstandsfähigkeit gegen Stöße. Da die Stöße vielfach durch eine oder nur wenige Kugeln aufgenommen werden müssen, ist die Überlastungsgefahr um so geringer, je größer die Widerstandsfähigkeit jeder einzelnen Kugel ist.

Für schnellaufende Lager werden zwecks Beschränkung der Vibration tunlichst kleine Kugeln gewählt; für ungleichmäßig belastete dagegen große. Da für die Wahl der Kugeln nicht allein die Tragkraft, sondern auch die Lebensdauer maßgebend ist, wähle man den Kugeldurchmesser bei Laufringsystemen von über 150 mm Bohrung beispielsweise nicht unter 20 mm. (Je kleiner die Kugeldurchmesser werden, um so größer wird die Drehungszahl der Kugeln und um so größer also auch ihr Verschleiß.)

Der Ausgangspunkt für die Dimensionierung eines Lagers ist in der Regel die geforderte Tragkraft; zuweilen, wenn die geforderte Tragkraft unverhältnismäßig klein ist und wenn ein verhältnismäßig großer Wellendurchmesser vorgeschrieben ist, bildet die Bohrung des Laufringsystems den Ausgangspunkt. In diesem Falle werden die Ringquerschnitte lediglich mit Rücksicht auf das Verziehen beim Härten gewählt. Bildet die geforderte Tragkraft den Ausgangspunkt für die Lagerdimensionierung, dann läßt sich, wenn die Kugelentfernung z. B. mit $s = 1,2\,d$ angenommen wird, folgende, annähernd richtige Rechnung anstellen:

$$P = 0,2 \cdot n \cdot k \cdot d^2 \qquad\qquad n \cdot d^2 = \frac{P}{0,2\,k}$$

oder, da $\dfrac{D_m \cdot \pi}{1,2\,d} \sim n$ ist,

$$n \cdot d^2 \sim \frac{D_m \cdot \pi \cdot d^2}{1,2\,d} = 2,62\,D_m \cdot d \qquad\qquad D_m \cdot d \sim \frac{n \cdot d^2}{2,62}.$$

Für ein Lager, das eine Tragkraft von 10 000 kg bei einer spezifischen Flächenpressung von $k = 100$ kg (d in cm) aufweisen soll, ergibt sich:

$$n d^2 = \frac{P}{0,2\,k} = \frac{10\,000}{0,2 \cdot 100} = 500.$$

$$D_m \cdot d = \frac{n \cdot d^2}{2{,}62},$$

$$D_m \cdot d = \frac{500}{2{,}62} = 191.$$

Der Ausdruck $D_m \cdot d$ kann in seine beiden Faktoren beispielsweise nach Maßgabe der folgenden Aufstellung zerlegt werden. In der Aufstellung sind gleichzeitig die größten zulässigen Bohrungen angegeben, die mit Rücksicht auf die Ringquerschnitte für die angegebenen mittleren Durchmesser erreichbar sind.

D_m in cm	d in cm	Größte zulässige Bohrung	Geringste Wandstärke des Innenringes
32	6	21	2,5 cm
38	5	28	2,5 ,,
48	4	38	3,0 ,,
63	3	53	3,5 ,,

Von den 4 Zahlenreihen ist diejenige zu wählen, die den Dimensionen der Welle und des Lagergehäuses am besten entspricht. Erscheint selbst die Bohrung von 21 cm noch zu groß, so ist eine gleichartige Rechnung für ein Doppelrillenlager anzustellen.

Rechnungen in bezug auf die Biegungsbeanspruchung des Wellenzapfens sind in der Regel nicht nötig, da die geringe Breite der Laufringe nur sehr geringe Biegungsbeanspruchungen des Wellenzapfens zur Folge hat.

Spannhülsenlager.

Für Transmissionswellen kommen in der Regel Laufringsysteme zur Verwendung, die durch eine sog. Spannhülse auf der Welle befestigt werden. Die Spannhülse ist eine der Länge nach aufgeschlitzte, in der Bohrung zylindrische, in der äußern Oberfläche konische Spannvorrichtung, die mit Hilfe einer Mutter in dem ebenfalls konisch ausgebildeten Innenring so festgezogen werden kann, daß das Laufringsystem unverrückbar auf der Welle sitzt (Fig. 46).

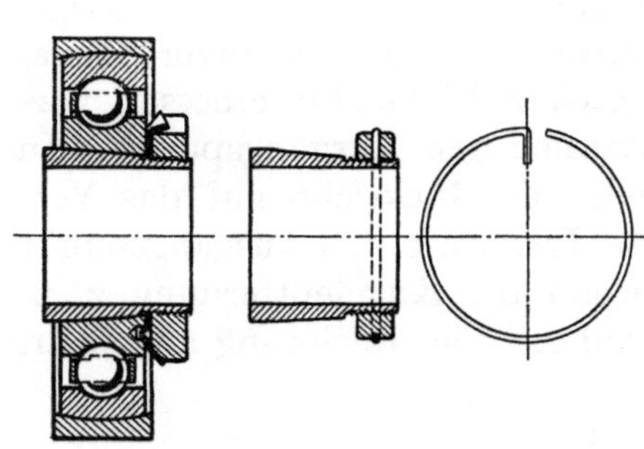

Fig. 46. D. K. F.   Fig. 47. D. W F.

Spannhülsenlager mit Muttersicherungen.

Je nach dem Grad des Anziehens geht die konische Oberfläche der Spannhülse mehr oder weniger in willkürliche Formen über. Wird beispielsweise eine für 50 mm Welle bestimmte Spannhülse für 49 mm Welle verwendet, so muß sie zwecks Fixierung des Laufringes über ihre normale Stellung hinaus angezogen werden, wobei die Kegelform verloren geht. Aus diesem Grunde sichert die Spannhülse keine genaue zentrische Montage. Ihre Anwendung ist daher überall dort, wo es möglich ist, zu umgehen. Die Konussteigung zur Mittelachse der Spannhülse kann mit tang $\alpha = {}^1/_{30}$ angenommen werden.

Die Wandstärke der Spannhülse ist so zu wählen, daß das Gewinde der stramm angezogenen Spannhülse nicht der Gefahr ausgesetzt ist, abzureißen. Die Spannhülsenmutter wird durch eine Raupenschraube, einen federnden Draht (Fig. 47) oder eine Unterlagsscheibe (Fig. 46) gesichert.

Käfige für Tragkugellager.

Die Käfige sollen verhüten, daß die gehärteten Kugeln eines Lagers gegeneinander gedrückt werden und während des Laufens eine zerstörende Wirkung aufeinander ausüben.

In den ohne Käfig ausgeführten Laufringsystemen treten beim Aufeinanderlaufen zweier Kugeln wegen der geringen Anschmiegung verhältnismäßig hohe spezifische Pressungen an den Berührungsflächen auf. Die zerstörende Wirkung wird dadurch noch erhöht, daß sich die aneinander schleifenden Flächen beider Kugeln in entgegengesetzter Richtung bewegen (s. Fig. 48). Bei Benutzung eines Käfigs bewegt sich die Kugelfläche nur gegen die relativ stillstehende Käfigkammer. Im übrigen ist die Härte der Kugel gegenüber derjenigen des Käfigs so bedeutend, daß sich die Spuren des Verschleißes nur am Käfig bemerkbar machen, während die Kugel ihre ursprüngliche runde Form beibehält; auch läßt sich der Käfig so konstruieren, daß die Berührungsflächen wesentlich größer als bei Berührung von zwei Kugeln sind. Die Pressungen bleiben auch deswegen klein, weil die Käfigkammern durchzufedern vermögen.

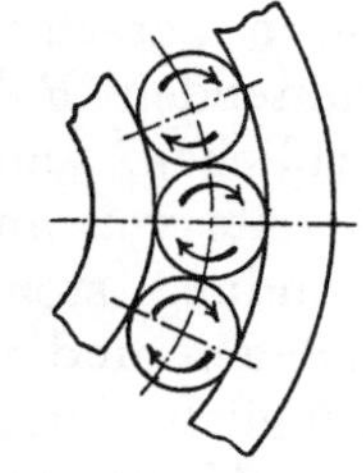

Fig. 48.

Es ist ferner zu beachten, daß die Kugeln trotz außerordentlicher Genauigkeit doch niemals absolut gleichgroß und absolut rund sind. Daraus, sowie aus dem Umstand, daß die Kugeln nicht immer an der tiefsten Stelle der Laufrille rollen, ergibt sich das Bestreben der Kugeln, verschieden große Wege zurückzulegen, sich voneinander zu entfernen oder sich einander zu nähern. Die Ungleichförmigkeit wird dadurch erhöht, daß die Belastungen und damit die Eindrückungen der Kugeln in die Laufbahn in jedem Augenblick wechseln. Solange die Kugeln nicht unmittelbar nebeneinander gereiht sind, sondern eine, wenn auch nur mäßig nachgiebige Käfigkammer als Trennungsglied eingefügt wird, sind diese Annäherungen und die daraus hervorgehenden Pressungen ohne praktische Bedeutung. Da nämlich die Kugeln bei jedem Kreislauf eine Belastungs- und eine Entlastungszone passieren, können diejenigen von ihnen, die sich in der Belastungszone einander näherten, in der Entlastungszone auf Grund der Rückfederung der Kammern wieder in ihre richtige Lage gebracht werden. Es handelt sich hier natürlich nur um kleine Bewegungen und sehr geringe Durchfederungen der Käfigkammern. Bei rasch laufenden Lagern ohne Käfig verursachen die Kugeln, weil sie in der unbelasteten Zone gegeneinander geschleudert werden, große Geräusche.

Die Gefahr der ungleichmäßigen Kugelbewegung wird um so geringer, je geringer die Wellendurchbiegung ist. Bei Tragrollen, besonders wenn sie mit geringen Tourenzahlen laufen, kann beispielsweise wegen der auftretenden geringen Wellendurchbiegung auf die Verwendung von Käfigen verzichtet werden. Vielfach ist es wegen der grossen Pressungen auch geradezu unmöglich, für diese Lager geeignete Käfige herzustellen.

Für die Lager mit undurchbrochener Laufbahn, die die D. W. F. ausführen, ist die Verwendung von Käfigen unvermeidlich, da in diese Lager nur eine beschränkte Anzahl von Kugeln eingeführt werden kann. In diesem Falle haben die Käfige die weitere Aufgabe zu erfüllen, die Kugeln gleichmäßig auf den Umfang zu verteilen. Dieser Aufgabe genügten die in den Anfangsstadien des Kugellagers von den Deutschen Waffen- und Munitionsfabriken ausgeführten federnden Distanzstücke durchaus. Diese Distanzstücke (Fig. 49) waren Spiralfedern, die zwischen je zwei Kugeln eingeführt wurden. Ein Nachteil der Konstruktion war jedoch, wie die Erfahrung

Fig. 49.

später zeigte, daß die Zwischenstücke während des Betriebes zuweilen aus dem Lager herausfielen. Sobald jedoch nur ein Zwischenstück fehlt, verlieren sämtliche Kugeln ihre Führung, so daß nach und nach auch die übrigen Zwischenstücke herausfallen können. Mit dieser Betriebsstörung ist gleichzeitig die Gefahr verbunden, daß Zwischenstücke in die Kugellaufbahn geraten und das Lager gewaltsam zerstören. Die Kugellagerfabriken verwenden daher heute fast ausnahmslos Käfige (Kugelführungskörbe), die einen geschlossenen, ringförmigen Körper bilden.

Die Zahl der Käfigkonstruktionen ist außerordentlich groß, fast jede Firma hat ihren „geschützten" Käfig. Die Abweichungen sind teils freiwillig, weil die ausführenden Fabriken in ihnen einen Vorzug gegenüber anderen Konstruktionen erblicken, teils unfreiwillig, weil die guten und naheliegenden Käfigformen ihnen bereits von anderen Firmen vorweg genommen waren. Die Mehrheit der in Anwendung stehenden Käfigformen zu besprechen ist wegen der großen Zahl nicht möglich und wegen der großen Ähnlichkeit auch nicht nötig. Nachstehend sind lediglich einige bekannte Ausführungsarten wiedergegeben.

Allgemein läßt sich sagen, daß von mehreren sonst gleichwertigen Käfigen natürlich derjenige den Vorzug verdient, der die geringste Kugelentfernung zuläßt, und daß die weichen Metalle Messing und Bronze, sowie andere Kupfer- und Aluminiumlegierungen den härteren Materialien (Flußeisen und Stahl) vorzuziehen sind, vorausgesetzt, daß der Käfig an sich widerstandsfähig gebaut ist.

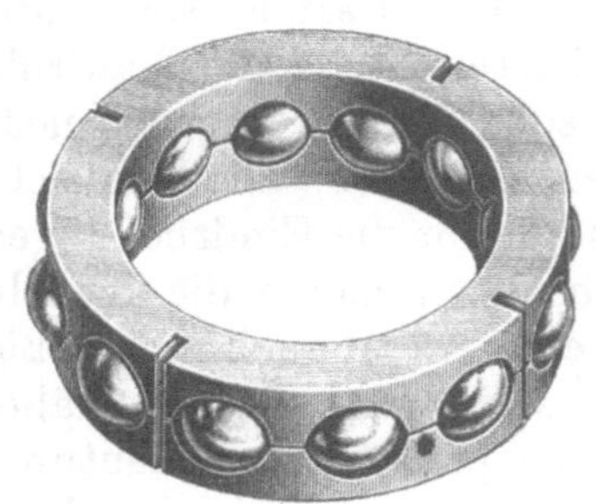

Fig. 50.

Die durch Verwendung des Käfigs möglichen Vorzüge kehren sich in Nachteile um, sobald der Käfig so wenig widerstandsfähig ist, daß eine Zerstörung eintritt. Sobald die Käfigteile zerstört und in die Laufbahn gewalzt werden, pflegt eine momentane Zerstörung auch der Kugellaufringe und Kugeln einzutreten.

Bei der Konstruktion der Käfige kommt es nicht so sehr auf die Materialstärke als auf zweckmäßige Verteilung des Materials an. In erster Linie ist es von Wichtigkeit, die Käfige symmetrisch auszuführen. Der in Fig. 50 dargestellte „Wabenring" von Fichtel & Sachs besteht aus zwei symmetrischen Hälften, die durch mehrere Klammern miteinander verbunden sind. Der Käfig ist zuverlässig und hat den Vorzug, daß die Kugelentfernungen auf das geringst mögliche Maß vermindert wird (Entfernung: $s = 1,1\,d$).

Im Gegensatz zu dem vorerwähnten Käfig gehört der in Fig. 51 dargestellte zu den unsymmetrischen. Die Kugeln drücken unter Umständen so gegen die Käfigkammern, daß ein großes Biegungsmoment die Kammern von dem Ring abzubiegen bestrebt ist. Wenn auch die Herstellung des Käfigs billig ist, da die einzelnen Kammern jede für sich als Massenfabrikation gepreßt werden und für jedes beliebige Lager mit Kugeln gleicher Größe verwendet werden können, ist der Käfig nur mit Vorsicht zu verwenden und für hohe Tourenzahlen, sowie mit Stößen verbundene Betriebe ganz zu vermeiden. Eine ähnliche Konstruktion, die jedoch den Vorzug der Symmetrie hat, da die Kammern auf jeder Lagerseite einen

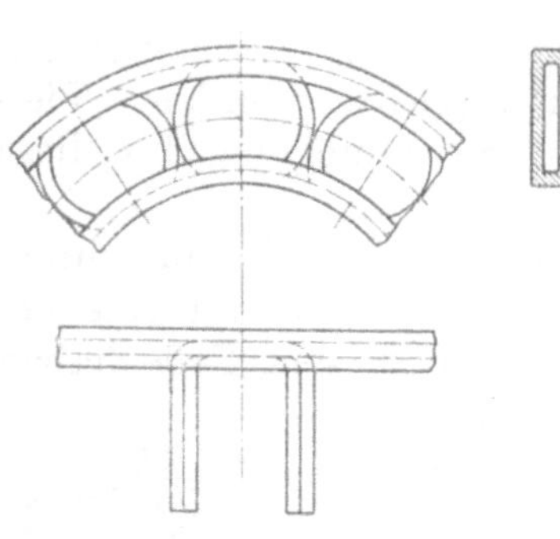

Fig. 51.

Verbindungsring besitzen, ist die Konstruktion der Kugelfabrik Fischer, Schweinfurt (Fig. 52).

Seit neuerer Zeit verwenden F. & S. allgemein den in Fig. 53 dargestellten Wellenkorb, der, weil er aus einem Stück aus dünnem Material hergestellt wird, das Einbringen verhältnismäßig vieler Kugeln gestattet.

Da die Kugeln vom Käfig nicht ganz umschlossen werden, besteht auch nicht die Gefahr, daß die Käfigkammern seitlich aus dem Lager herausragen. Daher konnte bei Einführung des Käfigs auch durchgehend der Kugeldurchmesser vergrössert werden, was allerdings mit entsprechender Querschnittverringerung der Ringe verbunden ist.

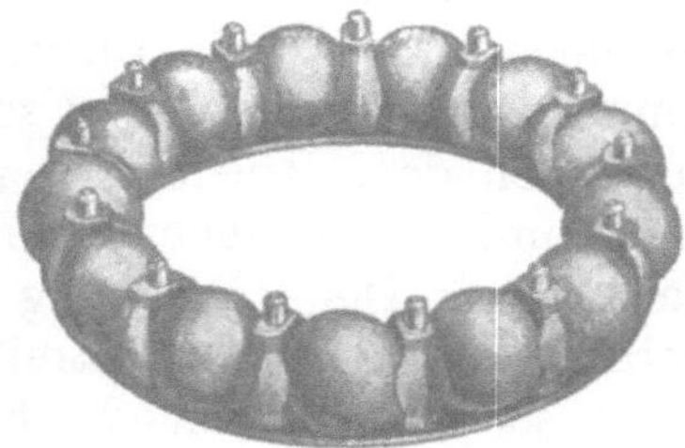

Fig. 52. Käfig der Kugelfabrik Fischer.

Fig. 53.

Der Käfig hat den Vorzug leicht durchzufedern und gute Schmierung der Kugeln zuzulassen. Bezüglich Stabilität dürfte er jedoch dem Wabenring wohl nicht gleichwertig sein.

Der in Fig. 54 dargestellte Bronzekäfig der D. W. F. hat sich gut bewährt. Der Käfig wird seitlich über die Kugeln des zusammengebauten Laufringsystemes gestreift. Die freien Lappen werden dann mit einer Vorrichtung alle gleichzeitig an die Kugel gepreßt, so daß beide Käfigseiten nahezu symmetrisch sind. Dadurch, daß die Verbindungsstege der ein-

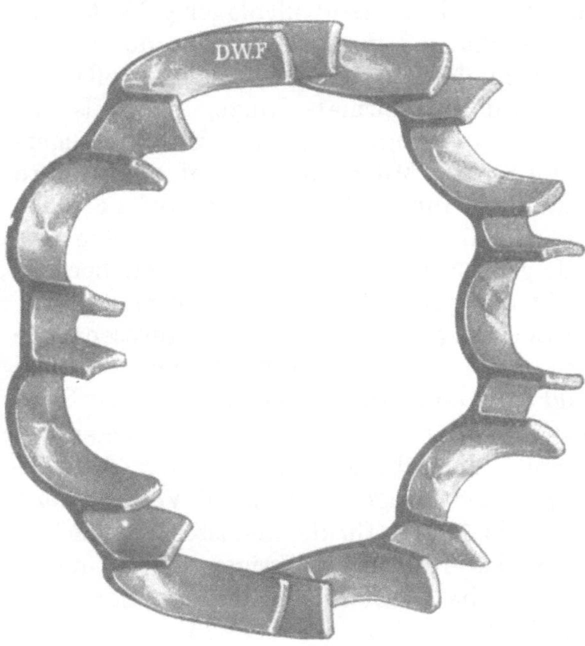

Fig. 54. Bronzekäfig der D. W. F.

Fig. 54a. Käfig der S. K. F.

zelnen Kammern an den besonders stark beanspruchten Stellen liegen, wird genügend Stabilität erreicht. Da die Käfige gegossen und die Kammern zwecks Verminderung der Reibung bearbeitet werden, ist die Konstruktion jedoch nicht gerade billig. Das Käфiginnere ist so, daß die Führung der Kugeln an den Kugelpolen, an denen sie verhältnismäßig geringe Wege zurückzulegen haben, erfolgt. Überhaupt sollen die Käfige nach diesem Gesichtspunkt gebaut werden, da durch die Führung an den Polen die Reibungsarbeit und damit auch das Abschleifen der Kammern vermindert wird.

Fig. 54a gibt die Konstruktion eines Käfig für zweireihige Lager (S. K. F.) wieder.

Ob ein bestimmter Käfig rationell herstellbar ist oder nicht, hängt vielfach nur davon ab, in welchen Mengen er angefertigt werden soll. Die in Fig. 55 abgebildete Konstruktion der D. W. F. würde beispielsweise bei Massenherstellung verhältnismäßig teuer werden. Sie kommt jedoch zur Anwendung für anormale, nur in einzelnen Exemplaren anzufertigende große Laufringsysteme. Hierfür hat

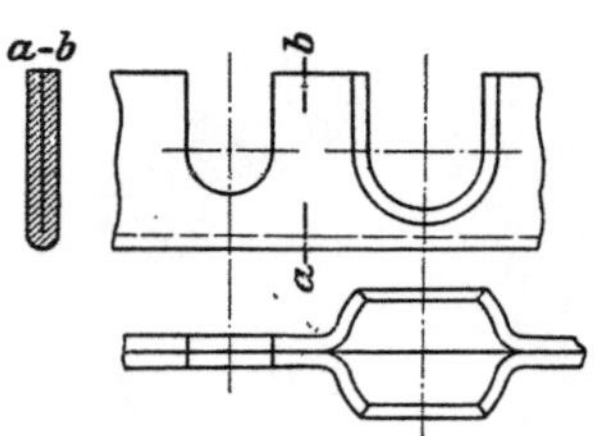

sie den großen Vorteil, daß keine Spezialvorrichtungen für die Herstellung jedes einzelnen Käfigs beschafft werden müssen, sondern nur einige einfache Werkzeuge, die stets wieder benutzt werden können. Die Fabrikation geschieht so, daß ein Blechstreifen der Länge nach zusammengefaltet wird. Der so entstandene Doppelstreifen wird nach dem Hineinstanzen der einzelnen Käfiglöcher zu einem Polygon gebogen und an der Stoßstelle zusammengelötet. Die Herstellung der eigentlichen Käfigkammern erfolgt durch Eintreiben eines der Kugelgröße

Fig. 55. Spezialkäfig der D. W. F. für anormale Lager.

entsprechenden Stempels. Für jede vorkommende Kugelgröße müssen Stempel und Matrize, für jede vorkommende Kugelanzahl Blechstreifen-Biegvorrichtungen vorhanden sein.

2. Stützkugellager.

Einfache Stützkugellager.

Die Stützkugellager werden fast ausschließlich als Laufrillenlager gebaut, und zwar gemäß der Fig. 56, d. h. Kugelmittenpunkt und die Mittelpunkte der beiden Laufrillenradien liegen auf einer gemeinsamen, lotrecht zu den Ringauflageflächen stehenden Achse. Der Laufrillenradius wird für normale Ringe, die teils für hohe, teils für niedrige Tourenzahlen zur Verwendung kommen, zweckmäßigerweise gleich $0{,}6\,d$ bis $0{,}7\,d$ gewählt (s. auch S. 45). Mit Rücksicht auf eine leichte Montage konstruiert man die Lager so, daß die innere Bohrung des auf die Welle zu montierenden Ringes etwas kleiner ist als die innere Bohrung der Käfige (bei kleinen Lagern etwa 1 mm, bei großen Lagern 3 bis 5 mm). Dabei ist zu berücksichtigen, daß es nicht üblich und auch nicht nötig ist, die Käfige sehr genau herzustellen und daß im übrigen auf Grund der Zentrifugalwirkungen nicht unwesentliche Schwankungen in der Käfigbewegung eintreten,

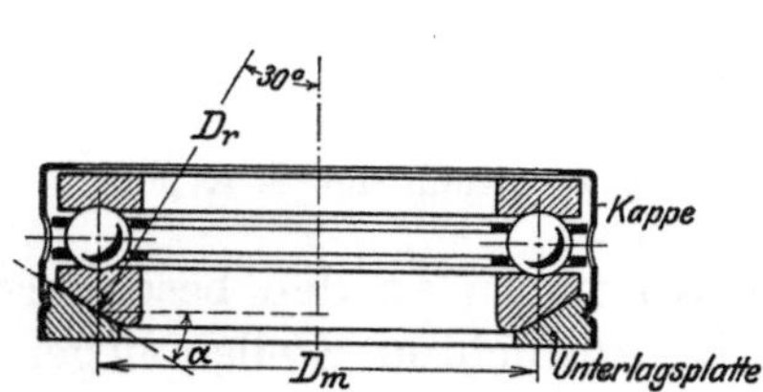

die bald die eine Seite, bald die andere Seite der Käfigbohrung an die Welle zu drücken bemüht sind. Im übrigen richten sich die Abmessungen der Ringe nach dem Verzug beim Härten. Als Anhalt für die kleinsten, mit Rücksicht auf das Härten, zulässigen Abmessungen wähle man die Dimensionierung der Serie der leichten Stützkugellager (Tabelle IV, S. 61).

Fig. 56. Stützkugellager mit Unterlagplatte und Blechkappe der D. W. F.

Je größer der Kugeldurchmesser im Verhältnis zum Kugellaufkreis-Durchmesser ist, um so größer wird die gleitende (bohrende) Reibung (s. S. 11).

Lager, die sich langsam drehen und daher geringem Verschleiß unterworfen sind, gestatten relativ große Kugeln zu benutzen (beispielsweise Kranhakenlager). Die durch eng anschmiegende Laufrille mögliche Belastungserhöhung wird bei geringen Tourenzahlen ganz besonders bedeutend (s. auch S. 43).

In der Regel, d. h. in all den Fällen, in denen die Tragfähigkeit eines Lagers ganz ausgenützt werden soll, ist einer der beiden Ringe kugelballig zu gestalten, nach Maßgabe der Fig. 56. Je größer der Radius des Ballens ist, um so schwerer die Einstellung, je kleiner der Radius ist, um so höher muß der ballige Stützkugellagerring gewählt werden, um eine genügende Auflagefläche zu erreichen.

Als Durchschnittsmaß für den Kugelballen ist der Kugellaufkreis-Durchmesser anzusehen $(D_m = D_r)$.

Wenn der Kugelballenradius gleich dem Kugellaufkreis-Durchmesser gewählt wird, so bildet die mittlere Tangente der Berührungsfläche nach Maßgabe der Fig. 56 einen Winkel von $\alpha = 30^0$ zu der Horizontalen. Die Verhältnisse über die Einstellung des Kugelballens unter Berücksichtigung der zwischen dem Ballen und seiner Auflage auftretenden Reibung sind ähnlich denjenigen der kugelballig gestalteten Laufringe (s. S. 46).

Die in Fig. 56 dargestellte sog. ballige Unterlagplatte erleichtert die Montage des Lagers. Die Stützkugellager werden auch ohne die Unterlagplatte geliefert. In diesem Falle muß das Lagergehäuse kugelballig ausgedreht werden. Die aus Fig. 56 ersichtliche Blechkappe verhindert, daß die einzelnen Teile des Lagers bei der Verpackung, bei der Montage oder bei etwaiger Demontage durcheinanderfallen. Fig. 120 zeigt ein Lager der Maschinenfabrik Rheinland, bei dem die Unterlagplatte durch Umbördelung so mit dem balligen Ring verbunden ist, daß beide ebenfalls nicht auseinanderfallen können.

Eine Abart des einfachen Stützkugellagers ist das Etagenlager, das für hohe Tourenzahlen zur Verwendung kommt und für diese den Vorteil bietet, die relative Bewegung jeder Kugelreihe vermindern zu können. Das Verhalten dieses Lagers ist unter den Versuchen auf S. 17 beschrieben.

Doppeltwirkende Stützkugellager.

Die ursprünglichste Form des doppeltwirkenden Stützlagers besteht in der gleichzeitigen Verwendung von zwei einfachen Stützlagern. Sie ist jedoch kostspielig und platzraubend.

Eine Vereinfachung dieser Konstruktionen stellt die Ausführungsart nach Fig. 57 dar. Lager dieser Art bauen die Deutschen Waffen- und Munitionsfabriken, Berlin, Fichtel & Sachs, Schweinfurt, Kugelfabrik Fischer, Schweinfurt, die Norma-Compagnie, Cannstatt, Riebe-Kugellager- und Werkzeugfabrik, Weißensee-Berlin, Schmid-Roost, Örlikon-Zürich usw.

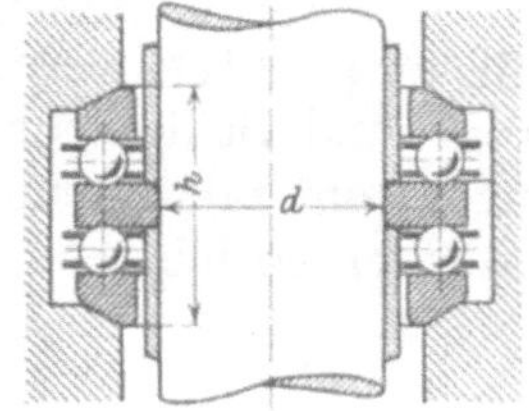

Fig. 57.

Aus Fig. 58 ist das doppeltwirkende Stützlager der S. K. F. zu ersehen.

Das in Fig. 59 dargestellte, aus zwei Ringen und einer Kugelreihe bestehende Lager stellt die einfachste Form eines doppeltwirkenden Stützlagers dar. Je nachdem der Wellendruck in der Richtung a oder b erfolgt, legt sich der eine Ring gegen das Gehäuse, der andere gegen den Wellenbund. Beide Ringe haben also so viel Spiel, daß sie sich im Gehäuse sowohl wie auf der Welle drehen lassen. Die Fixierung des stillstehenden und die Mitnahme des umlaufenden Ringes erfolgt lediglich durch die Reibung. Die Konstruktion ist der „Maschinenfabrik Rheinland", Düsseldorf patentiert

Fig. 58.

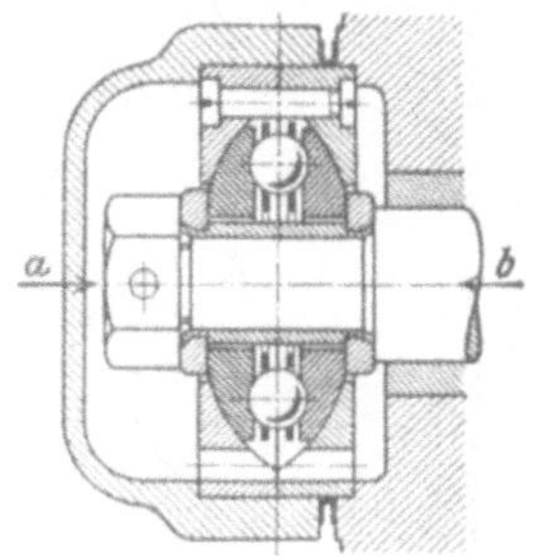

Fig. 59.

und sie wird auch noch von einigen anderen Firmen („Deutsche Waffen- und Munitionsfabriken", „Société Française des Roulements à Billes", Ivry-Port u. a.) ausgeführt. Durch den Fortfall einer Kugelreihe und mindestens eines Kugellagerringes tritt bei großen Stützlagern eine ganz bedeutende Ersparnis an Platz und Material ein. Die Maschinenfabrik Rheinland führt ihre normalen Doppelstützlager stets als geschlossenes Ganzes, nach Maßgabe der Fig. 59 aus. Hierdurch wird der Einbau sehr erleichtert und Einbaufehlern vorgebeugt. Das Stützlager selber wird allerdings komplizierter. Immerhin pflegt das Zweiring-Stützlager besonders bei großen Ausführungen erhebliche Vorteile zu bieten (Einbauzeichnung siehe S. 77).

Kombinierte Trag- und Stützlager.

Dieselben beruhen darauf, daß einer der beiden Laufringe (entweder der äußere oder der innere) gleichzeitig als Stützlagerring benutzt wird. Die Lager bestehen demnach in der Regel aus drei Ringen. (Es ist auch möglich, sie aus 2 Ringen anzufertigen, jedoch werden Herstellung und Montage schwierig.)

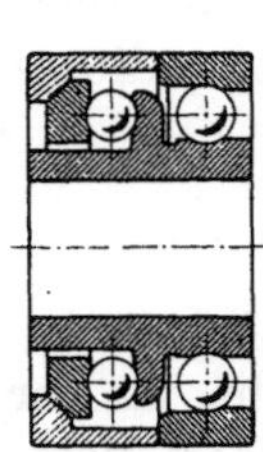

Fig. 60.

Das in Fig. 60 dargestellte Lager wird als normale Konstruktion von der Norma-Compagnie hergestellt. Abgesehen von der verhältnismäßig kleinen Tragkraft des Laufringsystems hat es die Annehmlichkeit, sehr leicht eingebaut werden zu können. Sowohl der Wellensitz wie die Gehäusebohrung (beide von gleicher Breite) können ohne Absätze mit ein und demselben Durchmesser gefertigt werden. Es wird von den jeweiligen Belastungsverhältnissen abhängig sein, ob die Verwendung dieses Lagers zu empfehlen ist; am günstigsten stellen sich die Verhältnisse, wenn sowohl das Stützlager wie das Laufringsystem in bezug auf ihre Tragkraft voll ausgenutzt werden. In vielen Fällen wird die Verwendung der gesonderten Trag- und Stützlager vorzuziehen sein, beispielsweise dort, wo ein großes Laufringsystem mit einem sehr kleinen Stützlager kombiniert den Belastungsverhältnissen entspricht.

Stützkugellager-Käfige.

Im Gegensatz zu den Kugeln in Laufringsystemen sind die Kugeln in Stützlagern stets gleichmäßig belastet. Die Rückfederung der einander genäherten Kugeln ist bei Stützkugellagern also nicht in der Weise möglich, wie bei den Laufringsystemen. Dagegen ist die Gefahr der Annäherung eben wegen der gleichmäßigen Belastung geringer.

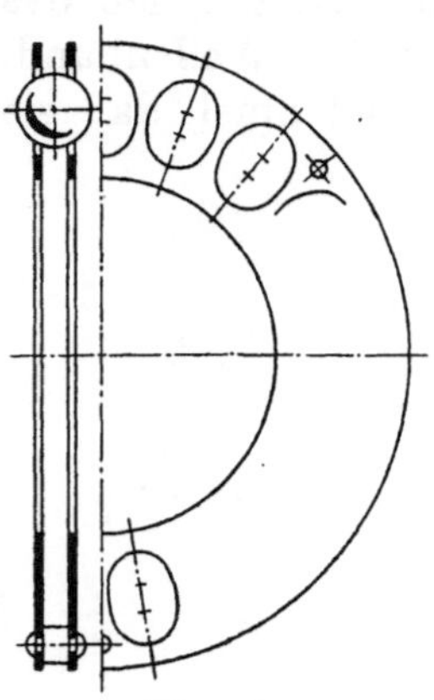

Fig. 61.

Für die Gestaltung der Stützkugellagerkäfige ist der Umstand von Wichtigkeit, daß die Kugeln nicht unbedeutende Bewegungen in Richtung des Lagerhalbmessers machen. Je nach der Höhe der Tourenzahl wandern die Kugeln auf Grund der Zentrifugalkraft mehr nach außen. Diese Erwägungen liegen der Stützkugellagerkäfig-Konstruktion der D. W. F. zugrunde. Der Käfig (Fig. 61), der seit der Entwicklung der Stützkugellager seine alte Form beibehalten hat, zeichnet sich durch seine Einfachheit aus. Er besteht aus zwei Metallringen (in der Regel Messingblech, für langsam laufende große Lager zuweilen Flußeisen), in die für jede Kugel ein ovales Loch gestanzt ist. Die Löcher werden bei größeren Lagern zwecks besserer Anlehnung an die Kugeln trichterförmig ausgearbeitet. Beide Ringe werden durch Distanzstifte so weit auseinander gehalten, daß die Kugeln eine leichte Bewegungsmöglichkeit in der Richtung des Kugellagerhalbmessers besitzen. Die Deutschen Waffen- und Munitionsfabriken machen die Längsachse ungefähr gleich dem Kugeldurchmesser und die Entfernung der beiden Bleche voneinander wird so groß gewählt, wie die

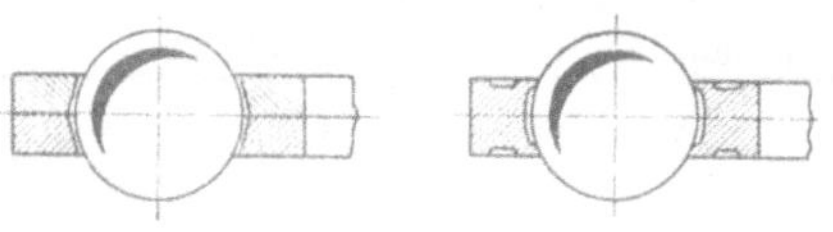

Fig. 62.   Fig. 62a.

Schulterhöhen der Ringe das zulassen (zwischen den Käfigblechen und Ringen muß so viel Zwischenraum vorgesehen werden, daß auch bei ungenauer Herstellung keine Berührung stattfindet).

Im Gegensatz zu der vorstehenden Konstruktion werden vielfach die beiden Käfigscheiben unter Umgehung von Distanzstiften unmittelbar gegeneinander gelegt nach Maßgabe der Fig. 62, oder es wird auch wohl nur eine Käfigscheibe, in der die Kugeln durch Verstemmen gehalten werden, verwendet nach Maßgabe der Fig. 62a. Diese Konstruktionen haben neben dem Vorzug, stabil zu sein, oft den Nachteil, daß die Kugeln bei hohen Tourenzahlen nicht genügend Spielraum in radialer Lagerrichtung haben. — Fig. 63 zeigt den Käfig für S. K. F.-Stützlager.

Fig. 63.

3. Normalisierung der Kugellager.

Die nachstehenden Ausführungen über Normalien sind wegen der vielen Variationen, die auf den Markt kommen, nur annähernd; genaue Angaben enthalten die Kataloge der einzelnen Firmen.

Die von den Deutschen Waffen- und Munitionsfabriken ausgeführte, aus Tabelle I bis V ersichtliche Normalisierung, die eine leichte Orientierung gestattet, ist von den meisten Kugellagerfabriken übernommen worden. Daneben bestehen jedoch noch zahlreiche Spezialserien der verschiedenen Kugellagerfabriken. Verwendet sind für die Laufringsysteme dreistellige, für die Stützlager vierstellige Zahlen. Die beiden letzten Stellen der Laufringbezeichnung geben (von den ganz kleinen Systemen unter 20 mm Bohrung abgesehen) stets einen Hinweis auf die Bohrung, während durch die erste Stelle die Lagergattung bezeichnet wird. Die Bohrung ist gleich dem fünffachen Zahlenwert der beiden letzten Stellen (in Millimeter ausgedrückt); die Systeme 211, 311, 411 haben also beispielsweise eine Bohrung von 55 mm. Sie unterscheiden sich lediglich in bezug auf die Tragkraft, und zwar gehört das System 211 einer Serie für geringe Belastungen, das System 411 einer solchen für hohe Belastungen an; je höher der Zahlenwert der ersten Stelle, um so schwerer ist also das betreffende System.

In gleicher Weise wie die Laufringsysteme sind auch die Stützkugellager normalisiert. Die Deutschen Waffen- und Munitionsfabriken führen auch für die Stützlager 3 in bezug auf Tragfähigkeit abgestufte Serien, von denen die beiden leichteren vorwiegend verbreitet sind. Von den Systemen 1010 und 1110, die beide dieselbe Bohrung von 50 mm haben, gehört das erste der Serie der leichten, das letzte der Serie der schweren Lager an. Das System 2110 bezeichnet ein doppeltwirkendes Stützlager nach Fig. 57, dessen Außenringe, Käfige und Kugeln genau dem einfachen System 1110 entsprechen, dessen Bohrung mit Rücksicht auf die andersartige Konstruktion jedoch kleiner ist als diejenige des Systems 1110. Die Nummern dieser letzteren Serie enthalten also keine Angaben über die Bohrung.

	Maße der Lauf-ringsysteme			A.-B. Svenska Kullager-fabriken S. K. F.				Kugelfabrik Fischer			Fichtel & Sachs			
Bezeichnung der Lauf-ringsysteme Nr.	Innen-durch-messer mm	Außen-durch-messer mm	Breite	Kugeldurch-messer „d" in engl. Zoll	mm	Kugel-anzahl „n"	$n \cdot d^2$ (d in cm)	Kugeldurch-messer „d" in mm	Kugel-anzahl „n"	$n \cdot d^2$ (d in cm)	Kugeldurch-messer „d" in engl. Zoll	mm	Kugel-anzahl „n"	$n \cdot d^2$ (d in cm)
200	10	30	9	$^3/_{16}$	4,76	18	4,07	4,76	11	2,5	$^7/_{32}$	5,55	10	3,1
201	12	32	10	$^3/_{16}$	4,76	20	4,52	4,76	12	2,7	$^7/_{32}$	5,55	10	3,1
202	15	35	11	$^7/_{32}$	5,56	20	6,20	6	11	4	$^7/_{32}$	5,55	12	3,7
203	17	40	12	$^7/_{32}$	5,56	24	7,42	7,14	11	5,6	$^1/_4$	6,35	12	4,8
204	20	47	14	$^1/_4$	6,35	24	9,70	7,5	12	6,8	$^5/_{16}$	7,93	12	7,6
205	25	52	15	$^9/_{32}$	7,14	26	13,25	8	13	8,4	$^5/_{16}$	7,93	14	8,9
206	30	62	16	$^5/_{16}$	7,94	28	17,62	9,2	14	11,6	$^{11}/_{32}$	8,73	14	10,7
207	35	72	17	$^5/_{16}$	7,94	32	20,20	11	14	17	$^{13}/_{32}$	10,31	14	14,5
208	40	80	18	$^{11}/_{32}$	8,73	34	25,9	11,5	15	20	$^7/_{16}$	11,11	14	17,1
209	45	85	19	$^3/_8$	9,52	32	29,10	11,5	16	21,3	$^7/_{16}$	11,11	16	19,5
210	50	90	20	$^3/_8$	9,52	36	32,70	11,9	17	24	$^7/_{16}$	11,11	18	22
211	55	100	21	$^{13}/_{32}$	10,32	38	40,5	13	17	29	$^{17}/_{32}$	13,49	16	29
212	60	110	22	$^7/_{16}$	11,11	38	46,8	14,3	17	34,5	$^{19}/_{32}$	15,08	16	36,5
213	65	120	23	$^7/_{16}$	11,11	42	53,5	15,1	18	40,5	$^{21}/_{32}$	16,66	16	44
214	70	125	24	$^{15}/_{32}$	11,90	40	56,5	15,8	18	45	$^{21}/_{32}$	16,66	16	44
215	75	130	25	$^1/_2$	12,70	40	64,5	16,7	18	50	$^{11}/_{16}$	17,46	16	49
216	80	140	26	$^1/_2$	12,70	44	71,0	17,5	18	55	$^3/_4$	19,05	16	58
217	85	150	28	$^9/_{16}$	14,29	42	85,8	18,5	18	62	$^{13}/_{16}$	20,63	16	68
218	90	160	30	$^5/_8$	15,87	38	95,5	19,9	18	70	$^7/_8$	22,22	16	79
219	95	170	32	$^{21}/_{32}$	16,67	40	111,0	21,4	18	82	$^{15}/_{16}$	23,81	16	91
220	100	180	34	$^3/_4$	19,05	36	130,0	23,8	17	96	1	25,40	16	103
221	105	190	36	$^{13}/_{16}$	20,64	34	145,0	23,8	18	102	$1^1/_{32}$	26,19	16	110
222	110	200	38	$^7/_8$	22,22	34	168,0	25,4	18	115	$1^3/_{32}$	27,78	16	123
300	10	35	11	$^7/_{32}$	5,55	18	5,45	7,5	8	4,5	$^9/_{32}$	7,14	8	4,1
301	12	37	12	$^1/_4$	6,35	18	7,25	7,5	9	5	$^5/_{16}$	7,93	8	5
302	15	42	13	$^1/_4$	6,35	20	8,10	8	10	6,4	$^5/_{16}$	7,93	10	6,3
303	17	47	14	$^9/_{32}$	7,14	22	11,25	8,73	10	7,7	$^{11}/_{32}$	8,73	10	7,7
304	20	52	15	$^9/_{32}$	7,14	24	12,20	10	10	10	—	10	10	10
305	25	62	17	$^{11}/_{32}$	8,73	24	18,30	11,1	11	15,5	$^{13}/_{32}$	10,31	12	12,4
306	30	72	19	$^3/_8$	9,52	26	23,6	13,5	11	20	$^{15}/_{32}$	11,9	12	17,2
307	35	80	21	$^{13}/_{32}$	10,32	28	29,8	13,7	12	22,5	$^{17}/_{32}$	13,49	12	21,8
308	40	90	23	$^7/_{16}$	11,11	30	37,2	15,9	12	30	—	15,5	12	29
309	45	100	25	$^1/_2$	12,70	30	48,5	17,5	12	36,5	$^{11}/_{16}$	17,46	12	36,5
310	50	110	27	$^9/_{16}$	14,29	26	53,10	19,05	12	43	$^3/_4$	19,05	12	43,5
311	55	120	29	$^{19}/_{32}$	15,08	30	68,4	19,05	13	47	$^{13}/_{16}$	20,63	12	48,5
312	60	130	31	$^5/_8$	15,87	32	80,7	21	13	58	$^7/_8$	22,22	12	59
313	65	140	33	$^{21}/_{32}$	16,67	34	94,5	22,5	13	63	$^{31}/_{32}$	24,6	12	72,5
314	70	150	35	$^{23}/_{32}$	18,26	32	107,0	24,5	13	78	$1^1/_{32}$	26,19	12	82
315	75	160	37	$^3/_4$	19,05	32	116,0	27	13	94	$1^3/_{32}$	27,78	12	92
316	80	170	39	$^{13}/_{16}$	20,64	30	121,5	28,6	13	105	$1^3/_{16}$	30,16	12	110
317	85	180	41	$^{27}/_{32}$	21,43	32	147	30,2	13	118	$1^1/_4$	31,74	12	120
318	90	190	43	$^{15}/_{16}$	23,81	30	170	31,8	13	130	$1^{11}/_{32}$	34,13	12	140
319	95	200	45	$1^1/_8$	28,57	28	228	33,4	13	142	$1^{13}/_{32}$	35,71	12	153
320	100	215	47	$1^3/_{16}$	30,16	26	246	34,9	13	158	$1^1/_2$	38,09	12	175
321	105	225	49	$1^1/_4$	31,75	28	282	36,5	13	172	$1^{19}/_{32}$	40,48	12	197
322	110	240	50	$1^5/_{16}$	33,34	28	310	39	13	196	$1^{11}/_{16}$	42,86	12	220
403	17	62	17	$^{11}/_{32}$	8,73	24	18,3	12,7	9	14,6	$^{17}/_{32}$	13,49	8	14,4
404	20	72	19	$^3/_8$	9,52	26	23,6	13,6	10	18,5	$^5/_8$	15,87	8	20,2
405	25	80	21	$^{13}/_{32}$	10,32	28	29,9	15,08	10	22,7	$^{11}/_{16}$	17,46	8	24,5
406	30	90	23	$^7/_{16}$	11,11	30	37,0	17,5	10	30	$^{11}/_{16}$	17,46	10	30,5
407	35	100	25	$^1/_2$	12,70	30	48,4	19,05	10	36,2	$^{25}/_{32}$	19,84	10	40
408	40	110	27	$^9/_{16}$	14,29	26	53,0	21,5	10	46	—	21,43	10	46
409	45	120	29	$^{19}/_{32}$	15,08	30	68,2	23,8	10	56	$^{15}/_{16}$	23,81	10	57
410	50	130	31	$^5/_8$	15,87	32	80,5	23,8	11	59	$1^1/_{32}$	26,19	10	68
411	55	140	33	$^{21}/_{32}$	16,67	34	94,0	25,4	11	70	$1^3/_{32}$	27,78	10	77
412	60	150	35	$^{23}/_{32}$	18,26	32	106,5	28,6	11	89	$1^3/_{16}$	30,16	10	90
413	65	160	37	$^3/_4$	19,05	34	123,0	30	11	99	$1^9/_{32}$	32,54	10	106
414	70	180	42	$^{27}/_{32}$	21,43	32	147,0	33,4	11	120	$1^7/_{16}$	36,51	10	132
415	75	190	45	$^{15}/_{16}$	23,81	30	170,0	34,9	11	133	—	—	—	—
416	80	200	48	1	25,40	30	193,0	37	11	150	$1^5/_8$	41,27	10	170
417	85	210	52	$1^7/_{16}$	26,51	32	225	39	11	167	—	—	—	—
418	90	225	54	$1^1/_8$	28,57	30	244	42	11	194	$1^{13}/_{16}$	46,03	10	213
419	95	250	55	$1^1/_8$	28,57	34	277	42	11	230	—	—	—	—
420	100	265	60	$1^1/_4$	31,57	30	302	49,2	11	265	$2^1/_8$	53,97	10	290

Tabelle I. — Tabelle II. — Tabelle III.

Tragkugellager.

Maschinenfabrik Rheinland und annähernd D. W. F.

Kugeldurchmesser „d" in engl. Zoll	mm	Kugelanzahl „n"	$n \cdot d^2$ (d in cm)	Katalogbelastung in kg bei Umdrehungen			
				100	500	1000	2000
$7/32$	5,55	9	2,8	85	65	55	30
$7/32$	5,55	10	3,1	95	75	60	38
$1/4$	6,35	10	4	105	85	70	40
$1/4$	6,35	11	4,5	130	110	90	55
$1/4$	6,35	13	5,3	160	130	105	65
$1/4$	6,35	15	6	180	150	120	70
$5/16$	7,94	15	9,5	280	235	190	115
$5/16$	7,94	18	11,4	340	280	225	135
$3/8$	9,52	18	16,3	490	400	325	195
$3/8$	9,52	20	18	540	450	360	220
$3/8$	9,52	21	19	570	475	380	230
$3/8$	9,52	23	21	620	520	415	250
$7/16$	11,11	21	26	770	590	465	270
$1/2$	12,7	21	34	1050	775	600	335
$1/2$	12,7	22	35,5	1100	810	635	350
$1/2$	12,7	23	37	1150	850	665	370
$9/16$	14,29	23	47.	1400	1000	800	420
$11/16$	17,46	19	58	1700	1200	925	460
$11/16$	17,46	20	61	1800	1250	970	485
$3/4$	19,05	21	76	2300	1600	1210	600
$3/4$	19,05	22	80	2400	1800	1250	650
$13/16$	20,64	21	90	2600	1850	1400	700
$7/8$	22,22	21	100	3100	2100	1450	700
$1/4$	6,35	9	3,6	110	90	70	45
$1/4$	6,35	10	4	120	100	80	50
$1/4$	6,35	11	4,5	135	110	90	55
$5/16$	7,94	10	6,25	190	160	125	75
$5/16$	7,94	12	7,6	225	190	150	90
$3/8$	9,52	13	11,8	350	300	235	140
$7/16$	11,11	12	14,6	450	340	275	150
$1/2$	12,7	13	21	625	480	375	200
$9/16$	14,29	13	26	800	580	450	240
$5/8$	15,88	13	33,7	1000	715	550	300
$11/16$	17,46	12	36,5	1100	765	585	310
$3/4$	19,05	13	47	1400	1000	750	375
$13/16$	20,64	13	55,5	1700	1200	900	450
$7/8$	22,22	13	65	1900	1400	1000	490
$15/16$	23,8	13	74	2250	1500	1100	600
1	25,4	13	84	2500	1650	1200	—
$1 1/16$	27	13	95	2850	1800	1300	—
$1 1/8$	28,5	13	106	3200	2000	1350	—
$1 3/16$	30,16	13	118	3500	2100	1400	—
$1 1/4$	31,75	13	130	3900	2200	—	—
$1 5/16$	33,34	13	144	4350	2300	—	—
$1 3/8$	34,92	13	158	4750	2400	—	—
$1 1/2$	38,1	13	189	5700	2500	—	—
$1/2$	12,7	8	13	400	300	240	135
$9/16$	14,29	9	18,3	550	400	310	165
$5/8$	15,88	9	22,7	675	500	380	200
$11/16$	17,46	9	28,4	825	575	440	220
$3/4$	19,05	10	36,3	1100	755	575	290
$13/16$	20,64	10	42,7	1300	890	675	340
$7/8$	22,22	11	54,5	1650	1100	810	380
$15/16$	23,8	11	62,2	1850	1250	925	440
1	25,4	11	71	2100	1350	950	—
$1 1/16$	27	11	80	2400	1500	1100	—
$1 1/8$	28,57	11	90	2700	1600	1150	—
$1 1/4$	31,75	11	111	3300	1700	1200	—
$1 5/16$	33,34	11	123	3600	1800	1300	—
$1 5/16$	33,34	12	134	4000	2100	1400	—
$1 3/8$	34,92	11	134	4200	2150	—	—
$1 5/8$	41,27	11	187	5500	2250	—	—
$1 3/4$	44,45	11	218	6300	2600	—	—
$1 7/8$	47,62	11	250	7500	3000	—	—

Bemerkungen

Die angegebenen Belastungen entsprechen den Katalogbelastungen der Maschinenfabrik Rheinland. Die angegebenen Werte für „$d^2 \cdot n$" gestatten in Gemeinschaft mit den Kurven Fig. 25a (S. 24) die Bestimmung der zulässigen Belastung.

Die Werte $d^2 \cdot n$ sind als unmittelbare Vergleichswerte nur dann zu gebrauchen, wenn gleiche Materialgüte, gleiche Anschmiegung und gleiche oder hinreichende Rillentiefe vorausgesetzt werden darf.

Die angegebenen Kugelzahlen und Kugeldurchmesser der Rheinlandlager gelten auch ungefähr für die Einfüllager der D. W. F. (Für die D. W. F.-Lager mit undurchbrochener Laufbahn wird $d^2 \cdot n$ ungefähr 25 % kleiner als für die Lager der gleichen Firma mit Einfüllöffnung.)

Die S. K. F.-Lager haben im Innenring enganschmiegende, im Außenring kugelige Laufbahn. Die Firma führt noch eine Serie extraschwerer Lager, die um 30 bis 40 % größere Tragkraft haben, als die entsprechenden Lager der 400er Serie.

Die Laufringe sind je nach der Größe mit einem Radius $r = 1 \div 3$ mm an den Kanten abgerundet.

Die höheren Werte für $d^2 \cdot n$ bedingen eventuell größere Kugeln und daher kleinere Ringquerschnitte. Bei wesentlich erhöhtem Kugeldurchmesser kann dem Vorteil der größeren Tragkraft der Nachteil größerer Bruchgefahr gegenüberstehen.

Tabelle großer Tragkugellager.

Erweiterte Normalien der D. W. F. (Spalte A) — Belastungsverhältnisse von Lagern mit Einfüllöffnung der vorstehenden Abmessungen (Spalte B).

	A				B			
	Maße der Laufringe in mm			Belastung				
Nr.	Innendurchmesser	Außendurchmesser	Breite	in t	Kugel-ϕ in mm	Kugelanzahl	$0{,}2 \cdot n \cdot d^2$ (d in cm)	Zulässige Belastung in kg bei $k = 100$
224	120	215	40	2,8	25	16	20	2 000
226	130	230	40	3	25	17	21	2 100
228	140	250	42	3,8	28	17	26,7	2 670
230	150	265	42	4,1	30	17	30,5	3 050
232	160	290	46	4,8	32	17	35	3 500
234	170	310	50	5,3	35	17	42	4 200
236	180	320	50	5,7	35	18	44	4 400
238	190	340	54	6,2	38	18	52	5 200
240	200	360	54	6,8	40	18	58	5 800
242	210	385	56	8	42	19	67	6 700
244	220	385	56	8	42	19	67	6 700
246	230	420	60	9,3	45	19	77	7 700
248	240	420	60	9,3	45	19	77	7 700
250	250	450	62	10,8	50	19	95	9 500
252	260	450	62	10,8	50	19	95	9 500
324	120	260	55	4,4	34	14	32,4	3 240
326	130	270	55	4,9	37	14	38,4	3 840
328	140	290	57	5,75	40	14	43	4 300
330	150	310	60	6,7	42	14	49,5	4 950
332	160	330	60	7,15	43	15	55,5	5 550
334	170	350	62	7,7	45	15	61	6 100
336	180	370	62	8,3	48	15	69	6 900
338	190	390	66	9,6	50	15	75	7 500
340	200	410	70	10,8	53	15	84	8 400
342	210	450	75	12,1	58	16	108	10 800
344	220	450	75	12,1	58	16	108	10 800
346	230	485	78	14,8	60	16	115	11 500
348	240	485	78	14,8	60	16	115	11 500
350	250	520	80	16,3	65	16	135	13 500
352	260	520	80	16,3	65	16	135	13 500
421	105	290	65	6,1	48	11	50,6	5 060
422	110	320	70	7	53	11	62	6 200
424	120	350	75	8,8	58	11	74,0	7 400
426	130	370	75	9,8	60	11	79	7 900
428	140	390	80	10,8	63	11	88	8 800
430	150	410	80	12	63	11	88	8 800
432	160	420	80	12,3	63	12	95	9 600
434	170	420	80	12,3	63	12	95	9 500
436	180	440	80	13	63	13	104	10 400
438	190	440	80	13	65	13	104	10 400
440	200	465	80	13,3	65	14	112	11 200
442	210	465	80	13,3	65	14	112	11 200
444	220	490	80	14,9	65	15	120	12 000
446	230	490	80	14,9	65	15	120	12 000

(Die Zeilen sind links mit *Tabelle Ia.* [Nr. 224–252], *Tabelle IIa.* [Nr. 324–352] und *Tabelle IIIa.* [Nr. 421–446] bezeichnet.)

Bemerkungen.

Spalte A.

Die in den Tabellen angegebenen Belastungen der D. W. F.-Lager beziehen sich auf Laufringsysteme mit undurchbrochener Laufbahn.

Die angegebenen Katalogbelastungen beziehen sich für Lager bis zu 350 mm Außendurchmesser auf ca. 200 Touren, für größere Lager auf ca. 100 Touren.

Spalte B.

Die Tabellen enthalten die Angaben darüber, wie große und wie viele Kugeln in Laufringsysteme mit den Außenabmessungen der Tabelle I, jedoch unter Verwendung von Einfüllöffnungen, eingeführt werden können.

Die Normalienbezeichnung für diese erweiterten Serien ist nicht einheitlich. Die Maschinenfabrik Rheinland stellt Systeme 224 bis 260 und 324 bis 360 her, die jedoch nur in bezug auf die Bohrung identisch mit den nebenstehenden sind (Breite und Außendurchmesser sind geringer als bei den nebenstehenden Normalien).

Die D. K. F. führen nur eine erweiterte 200er Serie (224 bis 240) aus, ebenfalls nur in bezug auf die Bohrung mit nebenstehender Tabelle übereinstimmend, im übrigen geringer dimensioniert als nebenstehend.

Normale Stützkugellager.

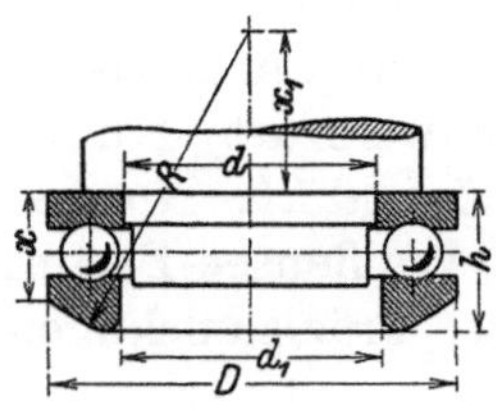

Fig. 64.

Die Normalien der verschiedenen Fabriken weichen mehr oder weniger voneinander ab. Teils werden ebene, teils kugelballige, teils konische Ringauflageflächen verwendet. Bezüglich Bohrung und annähernd auch bezüglich der Tragkraft ist Übereinstimmung der Fabrikate vorhanden. Nachstehend sind nur Normalien von Lagern mit kugelballiger Auflage (nach Fig. 64) wiedergegeben (Normalisierung der D. W. F., Maschinenfabrik Rheinland u. a.) Tabelle V und VI sind vorwiegend verbreitet. Fichtel & Sachs, Kugelfabrik Fischer, Schmid-Roost u. a. führen Serien des gleichen Prinzips, jedoch in den Abmessungen abweichend. Maschinenfabrik Rheinland und Soc. Française des Roulements à Billes bauen als doppeltwirkende Stützlager nur ihre Zweiringlager. D. W. F. und Riebe-Kugellager- und Werkzeugfabrik liefern ebenfalls Zweiringlager.

Tabelle IV. Leichte Stützkugellager nach Fig. 64.

| Nr. | Abmessungen in mm | | | | | | Kugel- | | Zulässige Belastungen nach Katalog D. W. F. | | | | | | | |
| | | | | D. W. F. | Rheinland | | Durchmesser | Anzahl | Umdrehungen in der Minute | | | | | | | |
	d	d_1	D_2	h	h	R	in Zoll		3000	1500	1000	500	300	150	10	1
1009	45	47	75	19	21	70	$5/16$	20	190	290	350	410	525	640	1900	2400
1010	50	52	80	20	22	75	$3/8$	18	210	320	390	450	575	700	2100	2700
1011	55	57	90	22	24	90	$7/16$	18	260	390	450	550	725	900	2500	4100
1012	60	62	95	22	24	95	$7/16$	19	275	410	475	575	760	950	2700	4300
1013	65	67	100	23	25	100	$7/16$	20	340	500	600	775	950	1150	3400	5600
1014	70	72	105	24	26	100	$7/16$	21	355	525	630	810	1000	1260	3600	6000
1015	75	77	110	24	26	110	$7/16$	22	370	550	660	850	1050	1300	3700	6200
1016	80	83	120	25	27	115	$7/16$	24	400	600	720	925	1150	1400	4100	6700
1017	85	88	125	25	27	125	$7/16$	25	435	650	780	1000	1250	1500	4400	7300
1018	90	93	130	25	27	130	$7/16$	27	450	675	810	1050	1300	1550	4600	7500
1019	95	98	135	26	28	130	$7/16$	28	465	700	840	1100	1350	1600	4700	7800
1020	100	103	140	26	28	140	$7/16$	29	485	725	870	1150	1400	1650	4900	8100

Tabelle V. Schwere Stützkugellager nach Fig. 64.

Nr.	d	d_1	D_2	h	h	R	in Zoll	Anzahl	3000	1500	1000	500	300	150	10	1
1102	10	12	30	32	14	25	$1/4$	8	45	65	85	110	130	150	500	500
1103	15	17	35	35	15	30	$1/4$	10	60	85	110	140	165	195	600	600
1104	20	22	42	42	16	35	$1/4$	13	75	110	145	180	220	250	800	800
1105	25	27	47	47	17	35	$1/4$	16	95	135	180	225	265	310	1000	1100
1106	30	32	53	55	18	40	$1/4$	18	100	150	200	250	300	350	1100	1600
1107	35	37	62	64	21	50	$5/16$	17	150	200	250	300	400	450	1500	2000
1108	40	42	64	66	21	50	$5/16$	18	160	250	300	350	450	550	1600	2500
1109	45	47	73	75	25	60	$3/8$	17	200	300	350	400	550	700	2100	3500
1110	50	52	78	80	25	65	$3/8$	19	230	350	400	500	650	800	2300	4000
1111	55	57	88	90	28	70	$7/16$	18	290	400	500	600	750	1000	2900	4500
1112	60	62	90	92	28	75	$7/16$	19	300	450	550	700	850	1100	3100	5000
1113	65	67	100	102	32	80	$1/2$	18	380	550	650	800	1000	1200	3800	6000
1114	70	72	103	105	32	85	$1/2$	19	400	600	700	900	1100	1400	4000	7000
1115	75	77	110	110	32	90	$9/16$	18	410	650	750	950	1150	1500	4200	7400
1116	80	82	115	118	35	95	$9/16$	19	490	700	800	1100	1200	1700	5000	8000
1117	85	88	125	132	38	105	$5/8$	19	580	850	950	1300	1500	2000	6000	10000
1118	90	93	135	135	38	110	$5/8$	20	600	900	1000	1350	1600	2100	6300	10500
1119	95	98	140	145	41	115	$11/16$	19	690	1000	1150	1600	1900	2400	7000	12000
1120	100	103	150	150	41	125	$11/16$	20	730	1100	1200	1700	2000	2500	7400	13200
1121	105	108	155	157	46	130	$3/4$	19	—	1200	1400	1800	2200	2700	8000	15000
1123	115	118	165	167	49	140	$13/16$	19	—	1300	1600	2200	2500	3200	10000	18000
1125	125	128	175	180	52	150	$7/8$	19	—	1400	1900	2400	2900	3700	11000	21000
1128	140	143	200	206	58	170	$7/8$	20	—	1700	2200	3000	3700	4800	13000	28000

Tabelle VI. Doppeltwirkende Stützkugellager nach Fig. 57.

Die balligen Ringe, sowie Kugelanzahl, Kugelgröße und Käfige entsprechen denjenigen der Serie 1102 bis 1128. Die zulässigen Belastungen sind demnach die gleichen, wie für die vorstehende Serie.

Nr.	2102	2103	2104	2105	2106	2107	2108	2109	2110	2111	2112	2113	2114	2115	2116	2117	2118	2119	2120	2121	2123	2125	2128
d	5	10	13	15	20	25	30	35	40	45	50	55	60	65	70	75	80	85	90	95	105	110	120
h_1	6,5	6,5	7,5	8	7	7	7	9	9	12	12	11	11	15	15	16	16	16	16	18	19	18	18
h	27	28	30	32	32	37	37	45	45	52	52	57	57	60	65	70	70	75	75	85	90	93	102

(h_1 Breite des mittleren Ringes.)

Einfache Laufringsysteme. Laufringsysteme in den Abmessungen der Tabellen I bis III werden hergestellt von den Deutschen Waffen- und Munitionsfabriken, Berlin; Deutsche Kugellagerfabrik, Leipzig; Fichtel & Sachs, Schweinfurt; Kugelfabrik Fischer, Schweinfurt; Maschinenfabrik „Rheinland", Düsseldorf; Norma-Compagnie, Cannstatt; Riebe-Kugellager und Werkzeugfabrik, Weißensee-Berlin; S. K. F., Gothenburg; Société des Roulements à Billes, Ivry-Port; Präzisionskugellagerfabrik, Wien; Schmid-Roost, Örlikon-Zürich u. a.

Die Außenabmessungen (Bohrung, Außendurchmesser und Lagerbreite) sind bei den Fabrikaten der vorgenannten Firmen die gleichen; im übrigen weichen die Lager in bezug auf die Abrundungsradien r, in bezug auf Kugelgröße und Laufrillenradius voneinander ab, wodurch auch die zulässigen Belastungen differieren. Die Lager der Norma-Compagnie nehmen insofern eine Sonderstellung ein, als sie keine symmetrischen Laufrillen besitzen. Deswegen ist ihre Tragfähigkeit nicht größer als diejenige von Lagern mit zylindrischer Laufbahn.

Die D. W. F. stellen sowohl Laufringsysteme mit undurchbrochenen Laufbahnen, wie auch solche mit Kugeleinfüllstellen her. Da sich in die ersteren nur eine beschränkte Kugelanzahl hineinbringen läßt, weisen die letzteren höhere Kugelzahlen und daher auch höhere zulässige Belastungen auf.

Die in den Tabellen I bis III aufgeführten Lager haben Laufrillen vom Halbmesser $r_a \leqq 0,6\,d$ (Außenring) und $r_i \leqq 0,55\,d$ (Innenring). Für Lager mit größeren Laufrillenradien oder mit zylindrischer Laufbahn wird die Tragkraft entsprechend kleiner (siehe S. 45).

Die in den Tabellen der Kugellagerfabriken angegebenen zulässigen Belastungen sind leider oft viel zu hoch. Selbst unter Voraussetzung vorzüglichen Materials können die in den Tabellen I bis III angegebenen Zahlenwerte nicht wesentlich überschritten werden.

Da die zulässige Belastung von der Tourenzahl abhängig ist, geben die in den Preislisten enthaltenen Werte für die Belastung nur dann einen zuverlässigen Anhalt, wenn gleichzeitig die den Belastungen entsprechenden Tourenzahlen genannt sind.

Seit neuerer Zeit sind die Normalien der Tabellen I bis III von einigen Firmen bis zu Bohrungen von 260 mm ausgebaut. Die Abmessungen sind in den Tabellen Ia bis IIIa enthalten.

Spannhülsenlager. Als Spannhülsenlager werden in der Regel die gleichen Laufringsysteme, wie in Tabelle I bis III angegeben, verwendet. Sie werden lediglich mit konischer Bohrung angefertigt und mit Spannhülsen versehen. Durch die Verwendung der Spannhülse wird die Bohrung um 5 bis 10 mm kleiner als diejenige der einfachen Laufringsysteme, oder umgekehrt ausgedrückt, die Spannhülsenlager haben im Verhältnis zur Bohrung (der Spannhülsen) etwas größere Tragfähigkeit als die einfachen Laufringsysteme. Die Spannhülse ist in der Regel doppelt oder nahezu doppelt so breit als das dazugehörige Laufringsystem. Da die Spannhülsenlager vorwiegend nur für geringe Belastungen benutzt werden (für Transmissionen), pflegen nur die Systeme der Tabelle I und II, nicht aber diejenigen der Tabelle III verwendet zu werden.

V. Einbau und Verwendung der Kugellager.

1. Passungen und Montage.

Die Befestigung des Laufringsystems geschieht in der Regel dadurch, daß der innere Laufring mit festem Sitz (Aufbringen durch leichte Schläge auf Hartholzklotz) oder mit Preßsitz (Auftreiben mit großer Gewalt durch harte Schläge oder

Schraubenpressen) auf die Welle gebracht und seitlich durch Muttern, Wellen-
bunde, Rohrenden oder Stellringe fixiert wird (Fig. 65). Dabei ist zu beachten,
daß die Bezeichnungen: „Fester
Sitz" und „Preßsitz" keine scharf
umgrenzten Begriffe darstellen[1]).

In bezug auf die seitliche
Festspannung des Innenringes ist
zu beachten, daß die Fixierung
durch die in der Regel geschliffe-
nen Seitenflächen des Innenringes
und nicht durch die beim Härten

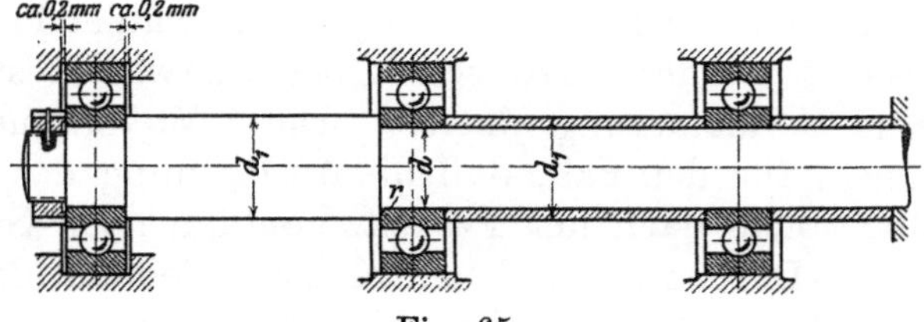
Fig. 65.

möglicherweise verzogenen abgerundeten Kanten erfolgt. Deswegen muß d_1 mindestens um $^1/_2$ bis 1 mm größer als $d + 2r$ sein (Fig. 65).

Um ein gutes Anliegen der Kugellagerringe zu erreichen, müssen die Hohl-
kehlen der Welle mit kleinerem Abrundungsradius hergestellt sein als die dazugehörigen Laufringsysteme. Die Abrundungsradien werden von den Kugellagerfabriken auf deren Normalientabellen vermerkt.

Die Verwendung des Preßsitzes empfiehlt sich dort, wo Stöße oder wech-
selnde Belastungen den Betrieb ungünstig beeinflussen. Sie vermindert die
Gefahr, daß sich der innere Laufring allmählich in die Welle einschneidet. Ein
leicht auf die Welle gepaßter, seitlich nicht fixierter Innenring drückt sich bei
eintretender Belastung auf der belasteten Seite etwas in die Welle ein, während auf
der gegenüberliegenden Seite die Innenfläche des Ringes mehr oder weniger von der
Welle abrückt. Bei Drehung der Welle wechseln die Belastungsstellen; es findet, wenn
der Innenring nicht genügend fest auf der Welle sitzt, ein allmähliches Abwälzen
des Ringes auf der Welle statt. Dieser Vorgang ist für den gehärteten Innenring zwar ohne Folgen; jedoch bildet sich auf der weicheren Welle unter Umständen im Laufe der Zeit eine Einschnürung in der Breite des Laufringes, die
dann zur Zerstörung des Laufringsystems oder der Welle führt.

Wenn mehrere Laufringsysteme auf gemeinsamer Welle montiert werden sollen,
sind für diese, besonders wenn Preßsitz zur Anwendung kommt, verschieden große
Bohrungen anzustreben, damit nicht ein Laufringsystem mit Gewalt über den für
ein anderes Laufringsystem bestimmten Wellensitz getrieben werden muß. Auf
diese Weise wird nicht nur die Montage erleichtert, sondern auch der Wellensitz
geschont.

Bei Laufringsystemen der gleichen Bohrung kann die Montage dadurch erleichtert werden, daß die übrigen Teile der Wellen um ca. $^1/_{10}$ mm schwächer
hergestellt werden als die Laufringsitze (s. Fig. 68).

Das Auftreiben mit Preßsitz hat zur Folge, daß die Kugellagerinnenringe sich
dehnen; dem muß bei der Herstellung der Laufringsysteme dadurch Rechnung
getragen werden, daß den Kugeln genügend Spiel zwischen den Ringen verbleibt,
um beim Auftreiben des Lagers nicht verklemmt zu werden. Ist nicht genügend
Spiel vorhanden, dann tritt, ohne daß das Lager als solches belastet ist, eine
Überlastung der Kugellaufbahnen und der Kugeln ein. Bei Bestellung von Laufringsystemen ist also mit der liefernden Firma darüber Klarheit zu schaffen, ob
und für einen wie starken Preßsitz die Laufringsysteme benutzt werden sollen.
Die ausführenden Firmen stellen ihren Abnehmern vielfach Preßsitztabellen zur
Verfügung oder sie liefern auch selber die Toleranzlehren, die für die Herstellung

---

[1]) Genauere Untersuchungen siehe Georg Schlesinger „Die Passungen im Maschinenbau",
Mitteilungen über Forschungsarbeiten auf dem Gebiete des Ingenieurwesens, herausgegeben vom
Ver. deutsch. Ing., Heft 18, Jahrgang 1904 und Z. Ver. deutsch. Ing. 1904, S. 1603.

eines guten Preßsitzes unerläßlich sind. Von Bedeutung ist, daß verschiedene
Laufringsysteme sich selbst bei gleichem Preßsitz oft sehr verschieden in bezug
auf ihre Formänderung verhalten. Daraus ergeben sich gewisse Schwierigkeiten
in bezug auf das für die Kugeln zu wählende Spiel. Der Spielraum muß so groß
gewählt werden, daß selbst bei unerwartet starker Ausdehnung des Innenringes
keine Verklemmung eintritt. Diese Maßnahme hat natürlich zur Folge, daß die
Kugeln für den Fall, daß die Ausdehnung des Innenringes unerwartet gering ausfällt, auch nach der Preßsitzmontage noch Spiel aufweisen. Überflüssiger Spielraum (Durchschlag) beeinträchtigt jedoch die Tragkraft des Laufringsystemes
wesentlich, da sich die Zahl der tragenden Kugeln verringert. Bei Montage
mittels Preßsitzes ist der Wellendurchmesser um 0,03 bis 0,01 größer zu wählen
als die Bohrung des Laufringsystems. Wegen der genannten Schwierigkeiten ist
der Preßsitz nur dort anzuwenden, wo die vorhin erwähnten Gründe das bedingen.
Von Vorteil ist es, bei Preßsitzmontagen durch Stichproben an einzelnen montierten
Lagern festzustellen, ob der Durchschlag nicht zu groß oder zu klein ist.

Die Montage mittels festen Sitzes ist wesentlich einfacher. Auch wenn der
Begriff „Aufbringen durch leichte Schläge" nicht scharf begrenzt ist, werden die
Innenringe auf alle Fälle keine merkliche Ausdehnung erfahren. Aus dem vorher
Gesagten ergibt sich, daß ein und dasselbe Laufringsystem stets entweder nur für
Preßsitz oder für strammen Sitz geeignet ist. (Näheres s. S. 39.) Schärfste Kontrolle
sowohl der eigenen Montagearbeit als auch der gelieferten Laufringsysteme ist von
größtem Vorteil.

Sofern der Innenring durch Hammerschläge auf den Wellensitz gepreßt wird,
sind natürlich die Kugeln nebst Käfig und der Außenring vor Schlägen zu schützen;
bereits leichte Schläge rufen bleibende Kugeleindrücke in den Laufringen hervor.

Die normalen Laufringkonstruktionen fast aller Kugellagerfabriken weisen
keinerlei Fixierungsnuten, Löcher oder dergl. auf; die Erfahrung hat gezeigt, daß
derartige Unterbrechungen der Laufringe sowohl die Fabrikation erschweren als
auch eine bedeutende Schwächung der Ringe zur Folge haben und schließlich
auch überflüssig sind. Der Preßsitz oder der feste Sitz, unterstützt durch eine
gute seitliche Festspannung genügen zur Fixierung des Innenringes.

Um die Montage der Kugellager zu erleichtern und ein durch Unachtsamkeit
verursachtes Trockenlaufen bei Inbetriebsetzung auszuschließen, ist auf den Kugel-
lagerverpackungen vielfach die zweckmäßige Vorschrift angebracht, daß die Laufringsysteme vor der Montage etwa $^1/_2$ Stunde in Öl von maximal 50° C zu legen sind.

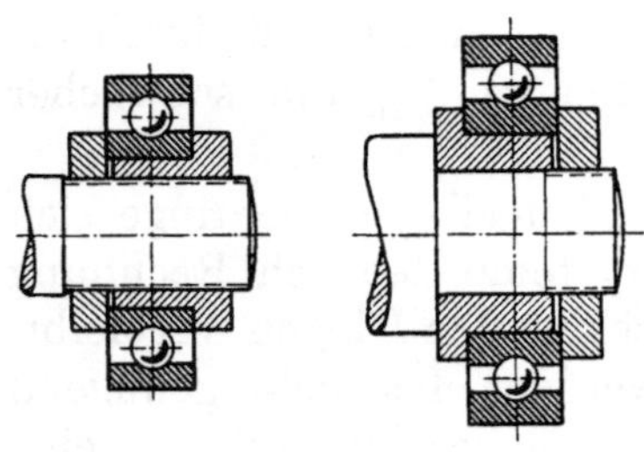

Fig. 66.   Fig. 67.

Die Achsen sämtlicher Wellenlager müssen
nach der Montage genau ineinanderfallen. Ungenaue Herstellung oder Durchbiegen der Wellen hat
zur Folge, daß Kugeln und Ringe verklemmt werden. Erfahrungsgemäß führen vielfach Wellen-
muttern, die zur Aufnahme von Laufringsystemen
benutzt werden, zu solchen Verklemmungen, da das
Gewinde keine zuverlässige zentrische Führung der
Mutter garantiert (Fig. 66). Das Aufsetzen einer Büchse
hat vielmehr nach Art der Fig. 67 zu geschehen.

Die in Fig. 65 dargestellte Mutter gestattet den Lagersitz ebenso breit wie
das Lager zu machen; eine merkliche Verschmälerung des Lagersitzes ist auf alle
Fälle zu vermeiden. Die in Fig. 65 verwendete, in Fig. 47 dargestellte Mutter-
sicherung ist, da sie einfach und zuverlässig ist, sehr verbreitet.

Die Fixierung des Außenringes bietet erheblich geringere Schwierigkeiten als
diejenige des Innenringes. Da der Außendurchmesser des Lagers im Verhältnis
zu der Bohrung groß ist, wird auch das für die Drehung erforderliche Moment

unter Berücksichtigung der Reibungswiderstände verhältnismäßig groß, so daß die Außenringe kein starkes Bestreben zur Drehung haben; sie haben ferner nicht das vorhin in bezug auf die Innenringe erwähnte Bestreben des Abwälzens, wenigstens so lange nicht, wie die Außenringe den stillstehenden und die Innenringe den rotierenden Teil darstellen. Es wird immer nur die gleiche Fläche des Außenringes gegen das Gehäuse gedrückt, weswegen die Momente, die das Abwälzen hervorrufen, fortfallen. (Wenn sich die Außenringe drehen, wie das bei den Leerlaufscheiben zutrifft, gilt das Vorstehende natürlich nicht. Siehe Tragrollen, S. 72.)

Die vorgenannten Umstände machen es möglich, die stillstehenden Außenringe stets ohne Fixierung leicht verschiebbar im Gehäuse zu lagern. Der Außenring führt unter dieser Voraussetzung im Laufe der Zeit geringe Drehungen aus, er „wandert". Das Wandern ist jedoch ohne Nachteil, es hat im Gegenteil den Vorteil, daß die Belastungsstellen wechseln und dadurch eine gleichmäßige Abnutzung sämtlicher Rillenteile (soweit man von Abnutzung sprechen kann) erreicht wird.

Die leichte Verschiebbarkeit der Außenringe ist auch erforderlich, um die Kugeln nicht der Gefahr des Verklemmens auszusetzen. Die Laufringsysteme jeder Welle müssen mit Ausnahme eines einzigen Systems in axialer Richtung frei verschiebbar sein, wodurch etwaigen, beispielsweise durch Temperaturschwankungen bedingten Lageveränderungen der Wellen Rechnung getragen wird. Aber auch das seitlich fixierte Laufringsystem ist noch mit geringem seitlichen Spiel eingebaut, da ein genaues Einpassen des Laufringes den Einbau überflüssigerweise erschweren würde. Das seitliche Spiel vermindert ferner die Gefahr, daß die Systeme durch Seitendruck verklemmt werden können; diese Gefahr ist deswegen vorhanden, weil die Seitenflächen der Laufringsysteme erfahrungsgemäß nicht immer genau lotrecht zu den Mantelflächen stehen, besonders dann nicht, wenn die Seitenflächen ungeschliffen sind. Die seitlich fixierten Innenringe sind der Gefahr des Verklemmens in geringerem Maße ausgesetzt, weil die Wellenbohrung eine festere und stabilere Führung als die Mantelfläche des leicht verschiebbaren, verhältnismäßig schmalen Außenringes bietet.

Spannhülsenlager sind in hohem Maße der Gefahr ausgesetzt, nach der Montage eine ungenaue Lage einzunehmen, d. h. Wellenachse und Lagerachse fallen nicht immer ineinander. Diese Gefahr wird um so größer, je mehr der Wellendurchmesser von der Spannhülsenbohrung abweicht. Man vermeide also beispielsweise, ein Spannhülsenlager von 50 mm Spannhülsenbohrung auf eine Welle von nur 49 mm zu setzen. Spannhülsenlager sind aus den vorgenannten Gründen nur dort zu verwenden, wo die Montage der einfachen Laufringsysteme auf wesentliche Schwierigkeiten stoßen würde, also beispielsweise für lange Transmissionswellen. Die von Hand angezogene Spannhülsenmutter ist durch Hammerschläge mit Hilfe eines in die Mutternut einzusetzenden Kupferdornes nachzuziehen und dann durch die in die Mutter eingebaute Sicherungsschraube zu fixieren.

Die vorbesprochenen Angaben erstrecken sich auf die wichtigsten Normalien, ohne daß eine Reihe von Spezialkonstruktionen Erwähnung fand, u. a. werden beispielsweise die auf S. 70 besprochenen Transmissionslager von Schmid-Roost überhaupt nicht auf der Welle festgespannt, was bei mäßigen Tourenzahlen und ruhigem Betrieb ohne Bedenken zulässig ist.

2. Schmierung der Kugellager, Öl- und Staubdichtung.

Als Schmiermittel kommen zur Verwendung: dünnflüssiges Öl, Zylinderöl, konsistentes Fett, sowie Graphit, der letztere in der Regel unter Beigabe von Öl, in teigiger Form.

Das sparsamste und zuverlässigste Verfahren der Schmierung ist das Ölbad mit dünnflüssigen Schmiermitteln oder die vollkommene Füllung des Lagergehäuses mit konsistentem Fett, da dieses Verfahren eine dauernde Bestreichung des Laufringsystems durch das Schmiermittel gewährleistet.

Bei Verwendung dünnflüssigen Öles richtet sich der Ölstand nach der Wellenbohrung. Er muß so niedrig gewählt werden, daß kein Öl ausfließt.

Für durchgehende senkrechte Wellen stößt die Ausführung des Ölbades auf Schwierigkeiten, da sie die Anordnung der aus Fig. 130 sichtbaren Ölstandsrohre erfordert. Nur bei sehr geringen Tourenzahlen, beispielsweise Kranstützlagern, Drehscheiben-Stützlagern, sofern konsistentes Fett benutzt wird, kann von dem Ölstandrohr abgesehen werden. Bei höheren Tourenzahlen erwärmt sich das konsistente Fett dagegen so sehr, daß es flüssig wird und aus dem Gehäuse fließt.

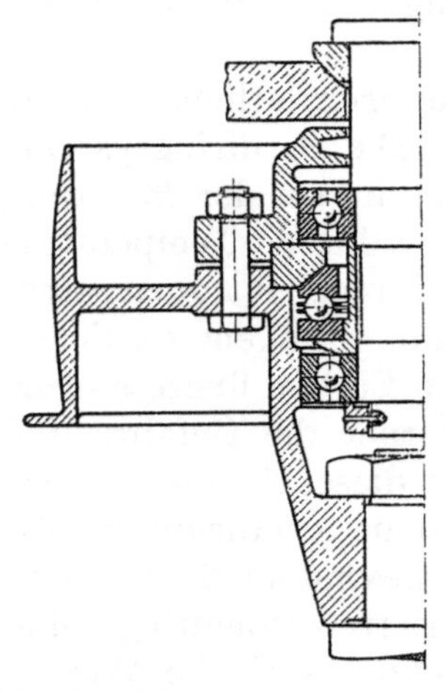

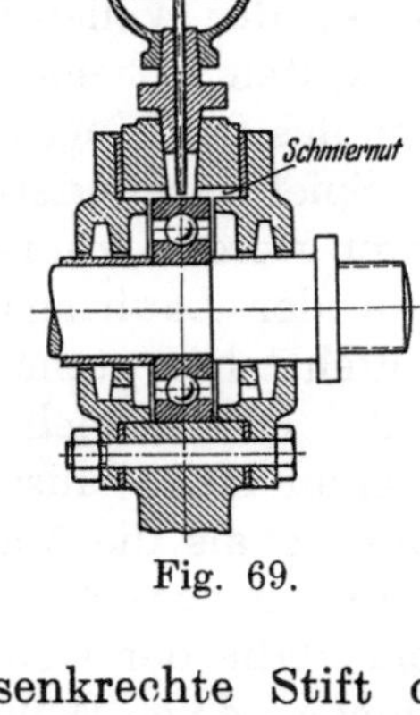

Eine Mischung von Graphit mit Öl ermöglicht bei mäßigen Tourenzahlen den Betrieb ohne die Verwendung von Ölstandrohren auch noch dort, wo konsistentes Fett zerfließen würde. Der zur Verwendung kommende Graphit muß feinkörnig und völlig rein sein. Fremdkörper vermögen eine Schleifwirkung auf die Laufbahn und die Kugeloberflächen auszuüben.

Fig. 68 zeigt die Konstruktion einer hängenden Zentrifuge, bei der ein Ölbad auch ohne Verwendung eines Ölstandrohres erreicht wird.

Tropföler bedingen eine sorgfältige Wartung und sind im übrigen im Betrieb kostspieliger als das Ölbad. Bei dem in Fig. 69 dargestellten Tropföler findet im Zustand der Ruhe keine Schmierung statt. Diese

Fig 68. Hängende Zentrifuge. Konstr. der D. W. F.

Fig. 69.

beginnt erst, wenn der senkrechte Stift durch die Bewegung des Außenringes in Vibration versetzt wird. Die Verwendung von Schmierringen ist aus Fig. 94 und 95 ersichtlich.

Viele langsamlaufende Lager (beispielsweise Kranlager) brauchen nur in Abständen von einem Jahr geschmiert zu werden.

Die Lagergehäuse müssen an den Wellendurchdringungen zuverlässig abgedichtet sein, damit weder Staub eintreten noch Schmieröl ausfließen kann. Zu

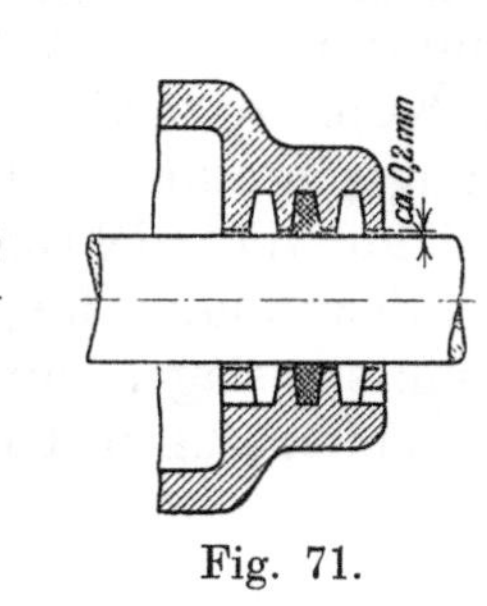

diesem Zwecke werden die Gehäuse mit Vorteil mit den aus Fig. 70 ersichtlichen Rillen versehen. Entweder werden diese Rillen mit einem Dichtungsring (zumeist Filz) ausgelegt oder sie bleiben ungefüllt; in letzterem Falle werden die etwa vom Gehäuseinnern nach außen fließenden Ölteile durch die Rillen aufgefangen, von denen aus sie durch eine Abflußöffnung wieder ins Gehäuse zurückfließen können. Zwischen der Welle und dem von

Fig. 70.

Fig. 71.

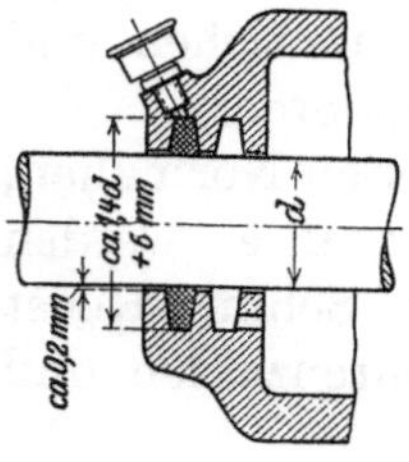

ihr durchdrungenen Gehäuseteil bildet sich eine Ölhaut, die ebenfalls als Staubdichtung wirkt. Eine gleichartige Dichtung ist auch bei zweiteiligen Stehlagern für die Berührungsflächen der beiden Lagerhälften vorzusehen, sofern dieselben nicht bereits durch eine zuverlässige Zwischenlage abgedichtet sind. Die Gehäusebohrung soll an den Wellendurchdringungen maximal etwa $^1/_2$ mm größer sein als der Durchmesser des dazugehörigen Wellenteiles.

Fig. 71 stellt einen Fall dar, bei dem Schutz gegen Regenwasser geschaffen werden muß. Das etwa in die äußere Rille dringende Wasser kann an der Außenseite genau so nach außen abfließen, wie das Öl an der Innenseite ins Gehäuse. Die Stauferbüchse in Fig. 70 ist vorhanden, um den Filzring, zwecks Erhöhung seiner Dichtungsfähigkeit, mit Fett tränken zu können. Die Kransäule Fig. 99 zeigt die Anordnung einer Vertikalwelle mit Schutzring zur Abhaltung von Regenwasser.

Wie viele Dichtungsringe jeweils vorzusehen sind, läßt sich nicht allgemein sagen. Jedoch kann die Verwendung einer Rille als der normale Fall angesehen werden. Dort wo starke Staubentwicklung vorherrscht (Spinnereien, Schleifereien, Müllereien, Sägereien) sind zwei Rillen oder eine Rille und eine Lederstulpe am Platze. Auch sind vielfach Dichtungen nach Fig. 105 und Fig. 111 empfehlenswert.

Die Lagergehäuse sind tunlichst mit einem Ölablaß (Fig. 95, S. 79) zu versehen.

Bei Konstruktion von Ölbädern für Leerlaufscheiben, Kurbelwellen oder andern Getrieben, in denen das Öl durch Massenwirkungen während des Betriebes Lageveränderungen erfährt, ist darauf zu achten, daß die Kugellager auch während des Laufens von Öl umspült werden. So werden feststehende Zapfen schnell laufender Leitrollen usw. mit einem Ölstandsrohr versehen, dessen Skala zwei Marken aufweist; die eine bezeichnet den zulässigen Ölstand für den Zustand der Ruhe, die andere denjenigen der Bewegung. Für die Schmierung von mit hohen Tourenzahlen laufenden Wellen kann auch die Zentrifugalwirkung durch die Anordnung eines Ölkanales, durch den das Öl auf Grund der Zentrifugalkraft gepreßt wird, nutzbar gemacht werden (Fig. 129, S. 106).

Säuregehalt von Schmiermaterialien. Als Schmiermittel kommen in Frage gute Mineralöle, in denen freie Säuren nicht vorhanden sind; auch freies Alkali ist in gleicher Weise zu vermeiden. Säurehaltige Schmiermittel, sowie solche, die nach einiger Zeit ranzig werden, sind für die Verwendung im Kugellagerbetrieb ungeeignet, da sie in kurzer Zeit die Kugellager zerstören. Die sicherste Feststellung, ob Säure im Schmiermittel enthalten ist, besteht natürlich in einer zuverlässigen Analyse, die aber für die meisten Kugellagerinhaber, sobald sie nicht im Besitz eines eigenen Laboratoriums sind, umständlich ist. In der Regel wird der Wunsch vorherrschen, mit einfachen Mitteln eine Prüfung vornehmen zu können, weswegen diese kurz erwähnt werden:

Das säurehaltige Schmiermittel wird in kochendes Wasser (etwa 5- bis 6fache Menge des Schmiermittels) getropft. Das Öl scheidet sich ab, die Säure löst sich im Wasser. Ein in das Wasser getauchtes Stück blauen Lackmuspapiers muß blau bleiben, sofern das Öl nicht säurehaltig ist. Wird es rot, so ist das ein Zeichen, daß Säure vorhanden ist; wird rotes Lackmuspapier blau, so zeigt dies das Vorhandensein von Alkalien an.

Als einfaches Prüfmittel wird von den Kugellagerfabrikanten das Umwickeln eines Stahlstückes mit einem in dem zu prüfenden Öl getränkten Docht empfohlen. Zeigt das Stück, nachdem es etwa einen Tag der Einwirkung der Sonne ausgesetzt war, Einätzungen, so ist das ein Zeichen für das Vorhandensein von Säuren oder von Alkalien, die das Schmiermittel für Kugellager ungeeignet machen.

3. Transmissions-Kugellager.

Für die Einführung des Kugellagers in den Transmissionswellenbau sind zwei Hauptgesichtspunkte zu berücksichtigen; auf der einen Seite, daß die Kugellager eine bedeutende Krafterparnis ermöglichen; auf der anderen Seite, daß plötzliche Kugellagerdefekte gerade für Transmissionswellen sehr unangenehme Folgen haben. Da die Kugellager nicht geteilt hergestellt zu werden pflegen, zwingt ein Defekt zur Herausnahme des ganzen Wellenstrangs, zum Herunterkeilen von Kupplung und Riemenscheiben, sowie zum Abmontieren etwa sonst noch im Wege sitzender Laufringsysteme. Um die Lagermontage möglichst einfach zu gestalten, werden zumeist Spannhülsenlager (s. S. 50) verwendet.

Die Durchführung kann so geschehen, daß entweder nur ein Laufringsystem in jedes Lager gebaut wird, was den Vorzug der Billigkeit hat, oder daß in jedem Lager zwei voneinander möglichst entfernte Laufringe verwendet werden, was den Vorzug hat, die Wellendurchbiegung zu vermindern. Lager mit einem einzigen Laufringsystem sind der Gefahr des Verklemmens durch Wellendurchbiegungen in starkem Maße ausgesetzt; sie müssen daher in geringeren Abständen angeordnet werden als Lager mit zwei Systemen oder als Gleitlager.

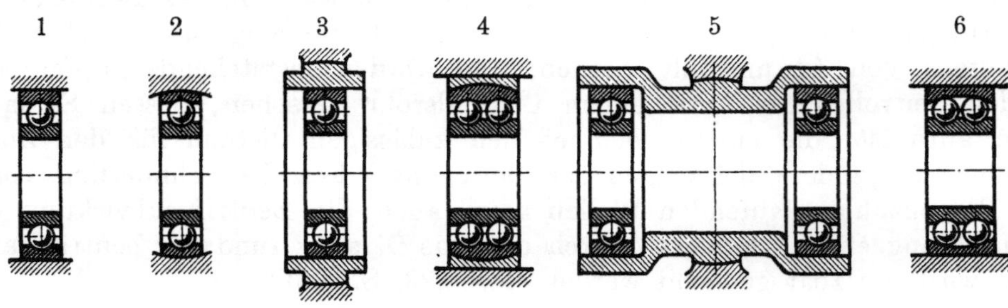

Fig. 72.

Es sind bei Verwendung von Kugellagern vorwiegend folgende Variationen möglich (siehe Fig. 72):

1. Einrilliges Laufringsystem mit zylindrischem Außenring;
2.   „   „   einstellbar durch balligen Außenring in ballig ausgedrehtem Lagergehäuse;
3.   „   „   mit zylindrischem Außenring, einstellbar durch balliges Gehäuse in ballig ausgedrehtem Lagerbock;
4. Zweirilliges Laufringsystem, einstellbar durch balligen Außenring;
5. Zwei Laufringsysteme in durch Kugelballen einstellbarem Gehäuse;
6. Zweirilliges Laufringsystem, einstellbar auf Grund sphärischer Kugellaufbahn.

Um den Kugellagern leichten Eingang in bestehende Fabrikanlagen zu schaffen, bemühen sich viele Firmen, ihre Lager so zu konstruieren, daß die vorhandenen Lagerböcke der Gleitlager wieder Verwendung finden können.

Eine Reihe von Kugellagerfabriken haben die Transmissionslagergehäuse normalisiert und liefern diese mit den Laufringsystemen zusammen. Fig. 73 bis 76 zeigen derartige normale Stehlager (Konstruktion der Kugelfabrik Fischer). Fig. 73a bis 73c sind Abbildungen ungeteilter Kugelstehlager und zwar Fig. 73a für die Verwendung am Wellenende, Fig. 73b für durchgehende Wellen. Fig. 74 und 76 stellen Lager mit zweiteiligem Gehäuse dar, und zwar ist das erstere für Ein-

stellung durch am Gehäuse angegossenen Kugelballen eingerichtet. Die Lagergehäuse werden für die Systeme 202 bis 222, 302 bis 322 und auch für die ent-

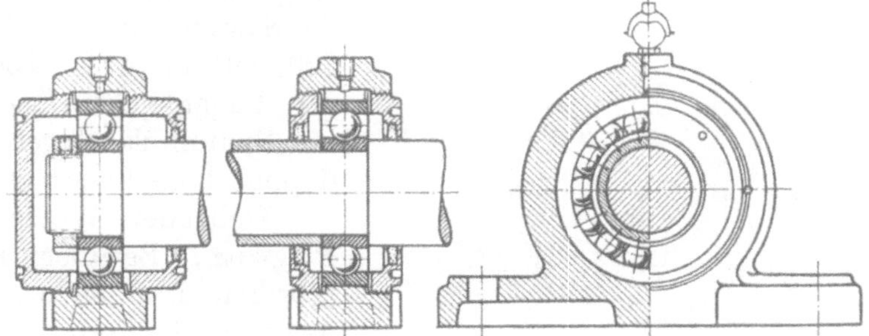

Fig. 73a.   Fig. 73b.   Fig. 73c.
Ungeteilte Stehlager der Kugelfabrik Fischer, Schweinfurt.

sprechenden Spannhülsenlager geliefert, sowohl für durchgehende Welle als auch
für Anordnung am Wellenende. Die Lagereinsätze nach Fig. 74 werden auch

Fig. 74.   Fig. 75.
Stehlager mit Kugelbewegung der Kugelfabrik Fischer, Schweinfurt.

für Hängelager und für Lager nach Fig. 75 verwendet. Ein ähnliches Lager,
wie das in Fig. 73 dargestellte, ist das Lager Fig. 77 der Deutschen Kugellagerfabrik, nur daß ein Laufringsystem mit balligem Außenring verwendet wird.

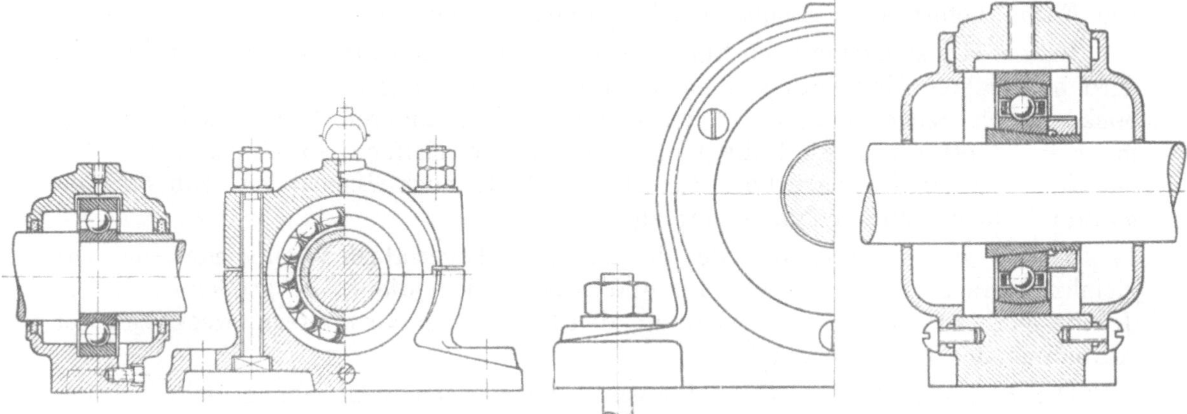

Fig. 76. Geteiltes Stehkugellager der   Fig. 77. Stehlager der Deutschen Kugellager-
Kugelfabrik Fischer, Schweinfurt.   fabrik.

Fichtel & Sachs bauen ungeteilte Kugelstehlager ähnlich denjenigen der Fig. 73 b
und 73 c für die Systeme 204 bis 216; 302 bis 213; 403 bis 411; desgleichen geteilte
Kugelstehlager nach Fig. 78 für
die Systeme 206 bis 222; 305 bis
320; 405 bis 418. Die zweiteiligen Lagergehäuse werden auch
für Spannhülsenlager, sowie für
doppelrillige Lager geliefert.

Gebrüder Wetzel, Leipzig-
Plagwitz, Berliner Kugellagerfabriken u. a. bevorzugen gleich
den vorgenannten Firmen, Transmissionslager mit einem Laufringsystem.

Bei Verwendung nur eines

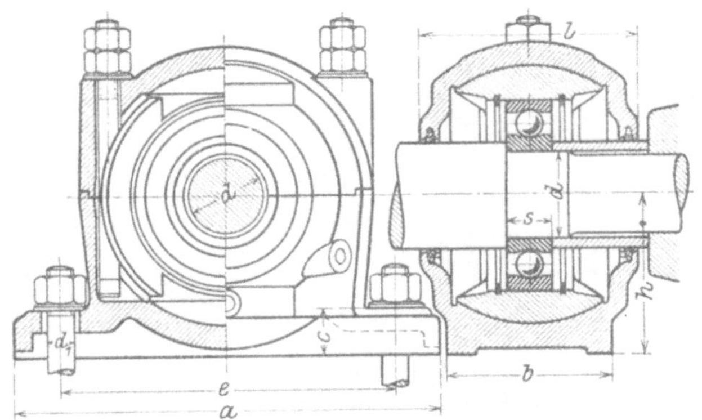

Fig. 78. Transmissionsstehlager von Fichtel & Sachs.

Laufringes in jedem Gehäuse
eignen sich die sphärischen Lauf-
ringsysteme der S. K. F. besonders gut für Transmissionswellen, da sie bei
eintretender Wellendurchbiegung eine Einstellung der Kugelreihen ermöglichen.

Den vorgenannten Konstruktionen gegenüber stehen die ältere Konstruktion
der Deutschen Waffen- und Munitionsfabriken, diejenige von Schmid-Roost
(Fig. 79) u. a., die zuverlässig, aber teuerer als die Lager mit einem Laufringsystem sind.

Schmid-Roost schiebt die Laufringsysteme ohne Spannhülse oder sonstige
Fixierung auf die Welle. Diese Konstruktion ist einfacher und billiger als diejenige mit Spannhülsen-
lagern. Sie reicht bei stoßfreiem Betrieb und bei Verwendung genügend genau
hergestellter Wellen vollkommen aus. Die ältere
D. W. F.-Konstruktion entspricht ungefähr der Fig. 79,
jedoch kommen Laufring-
systeme mit Spannhülse zur
Verwendung. Fig. 80 a und b

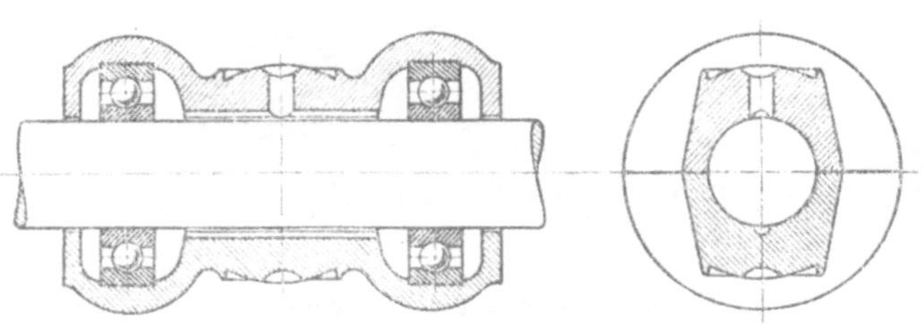

Fig. 79. Transmissionskugellager mit 2 Laufringsystemen
von Schmid-Roost, Örlikon.

zeigen die neuere Konstruktion der D. W. F. mit zweirilligem Laufringsystem.
Die Firma liefert auch Stehlager mit geteilten Gehäusen.

Bei der Konstruktion nach Fig. 79, sowie bei manchen ähnlichen Konstruktionen
wird es möglich, die Gleitlagerschalen unter Beibehaltung der vorhandenen Lagerböcke durch Kugellagergehäuse zu ersetzen. Bei anderen Konstruktionen, die
mehr Platz erfordern, sind die Kugellagergehäuse vielfach so eingerichtet, daß
beispielsweise ein Gleitlagerbock für 60 mm Welle noch Kugellager von 50 oder
55 mm Bohrung aufzunehmen vermag.

Fig. 81 gibt ein Stehlager der Präzisionskugellagerfabrik Wien wieder, das zur
gleichzeitigen Aufnahme von Trag- und Stützdrucken dient. Je größer die Stützdrucke sind, um so mehr ist es nötig, den Lagerfuß zu verbreitern zwecks sicherer
Aufnahme des Kippmomentes.

Die Kugellagerfrage ist im Transmissionslagerbau von sehr einschneidender
Bedeutung; die Vor- und Nachteile sind daher sorgfältig gegeneinander abzuwägen.
Dem Nachteil größerer Anlagekosten und schwererer Auswechselbarkeit steht

unter Umständen der Vorteil außerordentlicher Energieersparnis gegenüber. Überschlägig stellt sich beispielsweise bei einer mit 500 PS arbeitenden Fabrikanlage der Reibungsverlust in Transmissions-Gleitlagern auf mindestens 30 PS., derjenige

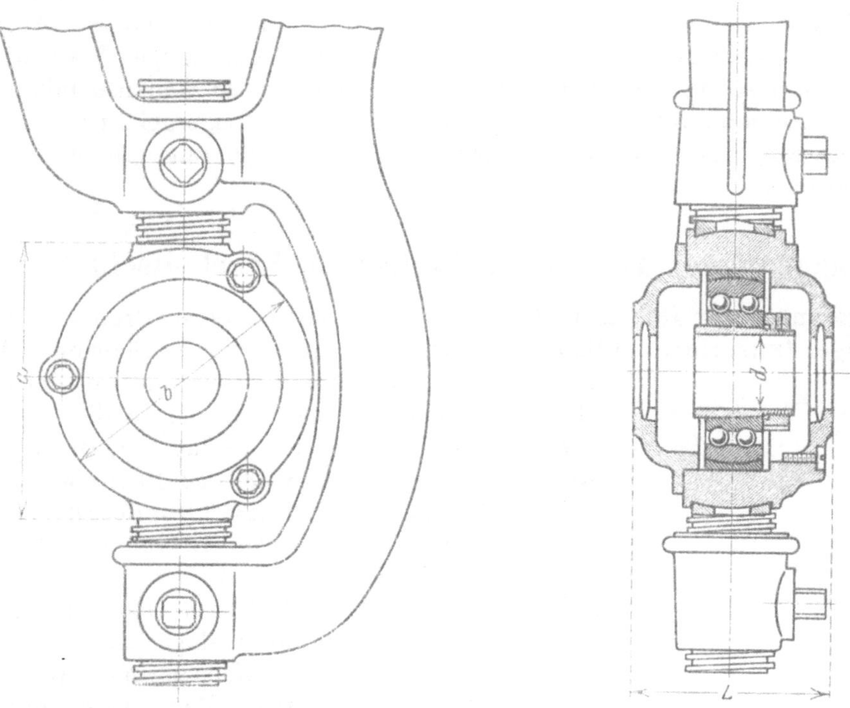

Fig. 80a.   Fig. 80b.

Transmissionshängelager der D. W. F. mit doppelreihigem Laufringsystem und kugeliger Einstellung.

der Kugellager auf höchstens 10 PS. Bei jährlich 3000 Betriebsstunden macht die Krafterparnis 60000 PS/st. Die PS/st mit 8 Pfg. gerechnet, demnach 4800 M.,

mit 10 Pfg. gerechnet 6000 M., durch welche Summe unter Umständen der Mehrpreis für die Transmissions-Kugellager also bereits in einem Jahre amortisiert werden kann.

Wegen der Schwierigkeit des Auswechselns und der bei einem etwaigen Defekt auftretenden unangenehmen Betriebsstörungen ist für Transmissions-Kugellager absolute Betriebssicherheit zu fordern. Härtefehler, die plötzliche Kugelbrüche oder Ausbröckeln der Laufbahn zur Folge haben, ungenaue Montage und daraus hervorgehende Verklemmungen, unzuverlässige Käfige u. a. können das Kugellager im Transmissionsbetrieb

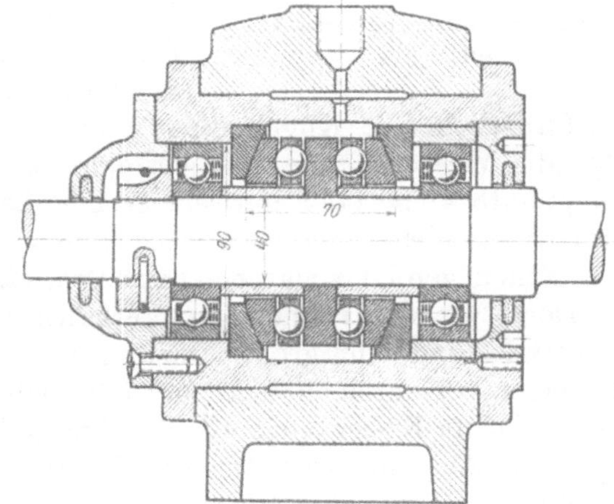

Fig. 81. Stehlager der Präzisionskugellagerfabrik Wien.

völlig in Mißkredit bringen. Trotz der Schwierigkeit des Auswechselns ist das Transmissions-Kugellager in manchen Betrieben bereits in großem Maßstabe mit bestem Erfolge eingeführt. So hat das Feuerwerks-Laboratorium in Spandau

100 Transmissions-Kugellager der Firma Gebrüder Wetzel, Leipzig-Plagwitz, und die Firma Gebrüder Sulzer, Winterthur, sogar insgesamt 400 bis 500 Transmissions-Kugellager (vorwiegend von Schmid-Roost, Oerlikon, zum Teil von den S. K. F.) im Betrieb. Von den Lagern bei Gebrüder Sulzer entfallen etwa $^2/_3$ auf Transmissionsstränge (50 und 60 mm Bohrung), $^1/_3$ auf Vorgelege (30 bis 50 mm Bohrung). Die Lager laufen zum Teil schon seit Jahren ohne nennenswerte Anstände. Unter den verschiedenen Lagerungen befinden sich acht lange Transmissionsstränge zu je 30 Lagern. Jeder Transmissionsstrang hat 29 Gehäuse mit auf der Welle axial verschiebbaren Laufringsystemen; nur ein Lagergehäuse auf jedem Transmissionsstrang ist mit doppeltwirkendem Stützlager zur axialen Fixierung der Welle versehen.

4. Rollenlagerungen (Tragrollen, Leitrollen, Leerlaufscheiben u. a.).

Bei Lagerungen von Rollen sind, im Gegensatz zur Lagerung drehbarer Wellen, die Kugellager-Innenringe stillstehend, während sich die Außenringe drehen.

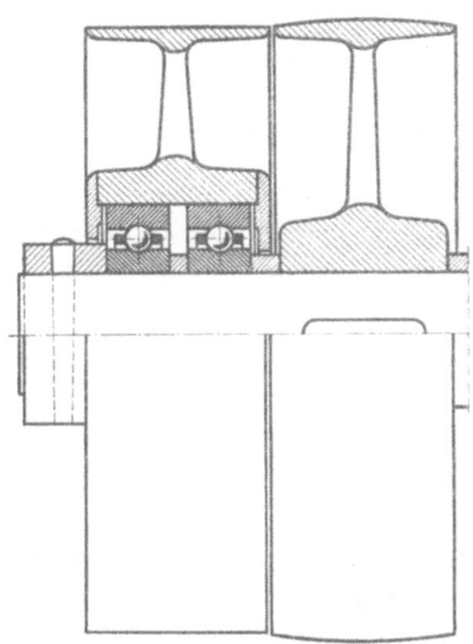

Fig. 82. Kugellagerung einer Leerlaufscheibe.

Die stillstehenden Innenringe sind in geringerem Maße der Gefahr ausgesetzt, sich in die Welle einzuschneiden, als die sich drehenden, die nach den Ausführungen auf Seite 63 das Bestreben des Abwälzens haben. Aus diesem Grunde ist bei Lagerung von Rollen der Preßsitz für den Innenring fast stets vermeidbar. Der Außenring hat allerdings das Bestreben, sich im Gehäuse abzuwälzen; wegen seiner erheblich größeren Auflage ist aber die Gefahr des Gehäuse-Ausschleifens gering. Wenn nicht ganz besonders ungünstige Belastungen auftreten, genügt es, den Außenring gut verschiebbar ins Gehäuse zu passen. Fig. 82 stellt einen üblichen Kugellagereinbau bei Leerlaufscheiben dar. Ob die Verwendung von einem einrilligen, einem zweirilligen oder von zwei einrilligen Lagern vorzuziehen ist, hängt von der Lastverteilung ab. Greift die Last bald an einer, bald an anderer Stelle an, wie das beispielsweise bei den Automobilrädern wegen der Ungleichförmigkeit der Straßen zutrifft, so ist es erforderlich, die Kugelreihen möglichst weit auseinander zu ziehen. Das bedingt die Verwendung zweier gesonderter Lager (s. Fig. 104). Erfahren die Angriffspunkte keine oder nur sehr geringe Lagenveränderungen, dann empfiehlt sich unter Umständen die Verwendung eines zweirilligen Lagers (Seilscheibe). In manchen Fällen genügt sogar ein normales, einrilliges Lager (Schiebetürrollen).

Dort, wo die räumlichen Verhältnisse oder ungewöhnlich hohe Belastung die Verwendung sehr großer, nicht genau herstellbarer oder zu kostspieliger Stützkugellager vorschreiben würden, läßt sich das Stützkugellager mit Vorteil durch eine Reihe im Kreise angeordneter Tragrollen ersetzen. Eine derartige Ausführung zeigt Fig. 83, die eine für die Zinkhütte Münsterbusch durch die D. W. F. ausgeführte Röstofenlagerung darstellt. Da sich mit den bisherigen Gleitlagerungen wegen der großen Gewichte und der auftretenden hohen Temperaturen starke Anstände ergeben hatten, wurde von der Auftraggeberin ein großes Stützkugellager von 3 m Durchmesser und 3″ Kugeln projektiert. Die Ausführung des Lagers verbot sich, weil die Herstellung so großer gehärteter Ringe außerodentlich teuer geworden und weil die Verwendung ungehärteter Ringe nicht genügend

Sicherheit für zuverlässigen Betrieb geboten haben würde. Ferner würden sich die ungleichmäßige Belastung des Röstofens und die wegen der auftretenden hohen Temperaturen zu erwartenden bedeutenden Formänderungen erschwerend in den Weg gestellt haben. Die Formänderungen sind natürlich um so bedeutender, je größer die Abmessungen des Kugellagers gewählt werden. Um sie möglichst unschädlich zu machen, kam die in Fig. 83 dargestellte Anordnung zur Ausführung, in der das große Stützkugellager durch eine Gruppe von Tragrollen in Gemeinschaft mit einem in der Röstofenmitte untergebrachten kleinen Stütz-

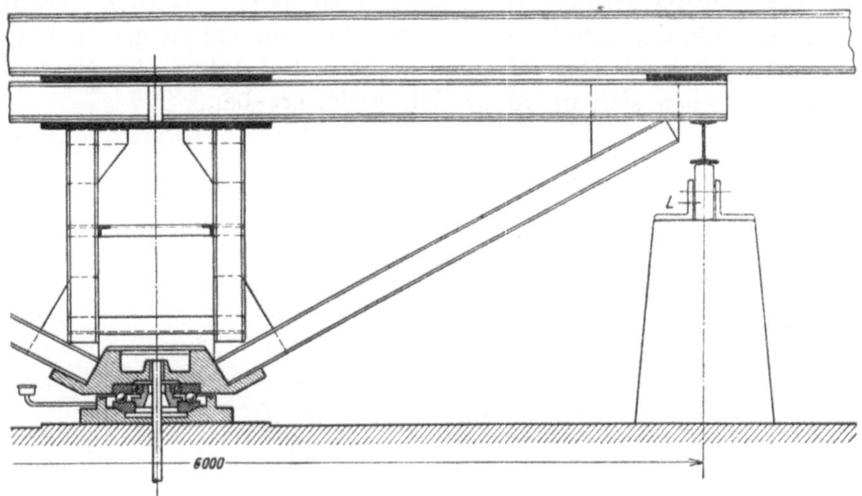

Fig. 83. Röstofenlagerung für 120 000 kg Betriebsgewicht des Ofens (Kugellager D. W. F.).

kugellager ersetzt wird. In dieser Anordnung wird die Last auf wenige und möglichst kleine Auflageflächen verteilt. Tragrollenlager und Stützkugellager sind gehärtet. Das Stützkugellager ist befähigt, die höchsten in der Lagermitte auftretenden Belastungen aufzunehmen. Wegen der Verwendung von Tragrollen schwankt der Stützkugellagerdruck trotz der Schwerpunktverschiebung der Röstofenbelastung nur unbedeutend. Um Verklemmungen des Stützkugellagers zu vermeiden, ist der obere Stützkugellagerring durch eine Tragkugelreihe geführt, d. h. es ist ein kombiniertes Trag- und Stützkugellager verwendet.

Die Gesamtlast des beladenen Ofens beträgt 120 Tonnen, von denen bei ungünstiger Belastung etwa 40 Tonnen auf das Stützkugellager und 14 Tonnen auf eine Tragrolle fallen. Die große Entfernung der einzelnen Stützpunkte voneinander hat zur Folge, daß die Eisenkonstruktion des Röstofens sich durchbiegen kann und daß das mittlere Stützlager sowie die Tragrollen sich in die Aufnahme der Gesamtlast auch dann zu teilen vermögen, wenn bei Änderung der Temperatur Formänderungen des ganzen Röstofens eintreten. Jede Tragrolle (Fig. 84) enthält 16 Kugeln von 45 mm Durchmesser. Bei der

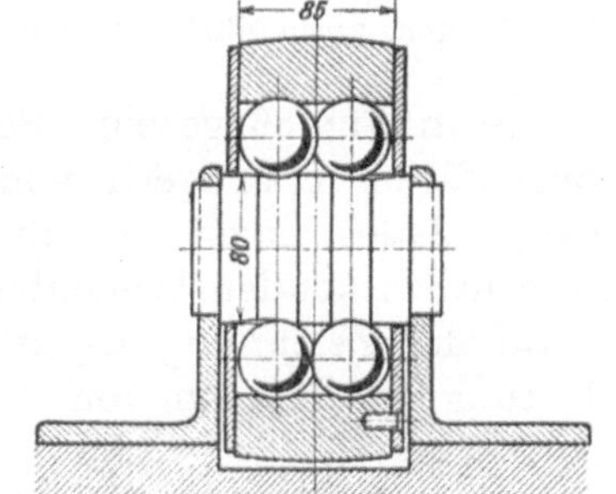

Fig. 84. Röstofentragrolle f. 14 000 kg Belastung, ausgeführt von den D. W. F.

Höchstlast von $P = 14\,000$ kg wird die spezifische Flächenpressung demnach

$$k = \frac{14\,000}{0,2 \cdot 16 \cdot 4,5^2} = 220 \ (d \text{ in cm}),$$ welcher Wert jedoch nur in Ausnahmefällen erreicht wird.

Das Stützkugellager enthält 14 Kugeln von 65 mm Durchmesser, ist also bei der Höchstlast von 40000 kg mit:

$$k = \frac{40000}{14 \cdot 6,5^2} = 67 \quad (d \text{ in cm})$$

belastet.

Der Stützkugellagerkäfig (Fig. 85) ist mit Rücksicht darauf, daß bei etwaigen Defekten das Auswechseln einzelner Kugeln möglich sein soll, in zwei halbkreisförmige Hälften geteilt. Dadurch wird es möglich, lediglich durch geringes Anheben des oberen Stützkugellagerringes die beiden Käfighälften seitlich herauszuziehen. Einzelne Kugeln können durch ein in den inneren Gußkörper gebohrtes Loch herausgenommen werden. Der Röstofen steht seit 3 Jahren im Betrieb; irgendwelche Anstände haben sich in dieser Zeit nicht ergeben.

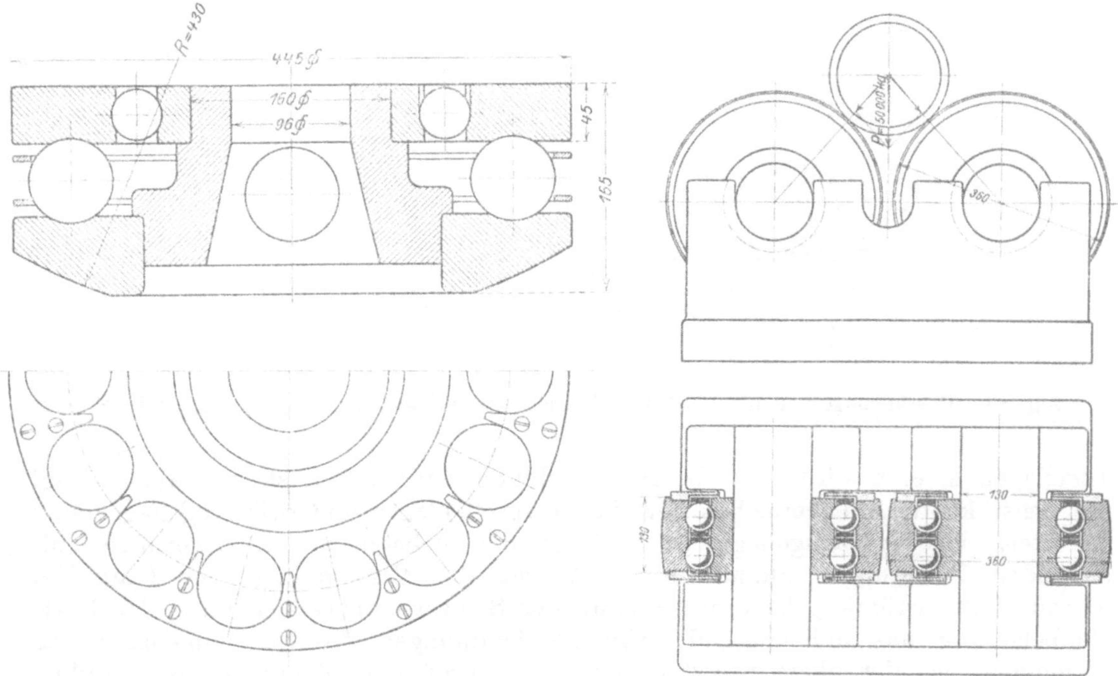

Fig. 85. Stützlager für 40000 kg Belastung zum Röstofen, ausgeführt von den D. W. F.

Fig. 86. Tragrollen zur Schwungradausbalanciervorrichtung mit D. K. F.-Lagern.

Die in Fig. 86 gezeigte Schwungrad-Ausbalanciervorrichtung besteht aus zwei doppelrilligen Traglagern von 360 mm Außendurchmesser, 130 mm Innendurchmesser. Jedes Lager enthält 28 Kugeln von 51 mm Durchmesser. Bei einer senkrecht wirkenden Wellenbelastung von 50000 kg drücken auf jedes Lager, bei der auf der Zeichnung angegebenen Lastverteilung 35000 kg, die eine spezifische Belastung der Kugeln von

$$k = \frac{35000}{0,2 \cdot 28 \cdot 5,1^2} = 240 \quad (d \text{ in cm})$$

hervorrufen. Dieser Druck ist mit Rücksicht darauf, daß sich die Lager nur langsam drehen und die Höchstbelastung von 35 Tonnen nur selten vorkommt, zulässig. Die Lager sind von der Deutschen Kugellager-Fabrik ausgeführt.

Fig. 87 zeigt eine von der gleichen Firma ausgeführte Tragrollenanordnung, bei der es sich um die Aufnahme verhältnismäßig kleiner Drücke handelt. Die Anordnung ist naturgemäß sehr viel billiger als ein Trag-Kugellager, das einen Durchmesser von 355 mm haben müßte. Die Einstellung der einzelnen Rollen

wird dadurch erleichtert, daß die Tragzapfen in den aus der Zeichnung ersichtlichen exzentrischen Büchsen ruhen. Durch die Verdrehung der Büchsen können
die Tragrollen mehr oder weniger
an den Laufkranz gedrückt werden.
Bei stets gleichmäßig nach einer
Richtung wirkenden Drücken ist es
nicht einmal nötig, die Tragrollen
auf den ganzen Umfang gleichmäßig zu verteilen, sondern es genügt, die Verwendung von zwei
Tragrollen an jedem Wellenende.

Die zu einem Trägerwalzwerk
gehörende Walzenlagerung Fig. 88
hat einen zwischen 0 und 200 000 kg
schwankenden Druck auszuhalten.
Bei der Höchstbelastung tritt in
den Kugeln, deren jedes Lager zwei
Reihen zu 13 St. von 102 mm ϕ enthält, eine spezifische Belastung von

$$k = \frac{200\,000}{0,2 \cdot 2 \cdot 26 \cdot 10,2^2} = 185 \quad (d \text{ in cm})$$

auf. Um die Schleifkosten des ohnehin teuren Lagers zu vermindern,
sind Innen- und Außenring teilweise
abgesetzt, so daß die Ringe nicht
der ganzen Breite nach geschliffen
werden müssen. Durch Weglassen
des Käfigs fallen nicht nur die
Kosten für diesen fort, sondern es
werden auch die Abmessungen des
Lagers, da sich bei Verzicht auf
den Käfig mehr Kugeln einführen
lassen, kleiner, wodurch eine weitere Verbilligung eintritt.

Materialkosten und Schleifer-
arbeit sind bei derartig schweren
Lagern sehr bedeutend. So kosten
die zu den beiden Lagern jeder Tragrolle gehörenden 4 Laufringe im
vorgeschmiedeten Zustande 600 M.
Dadurch, daß die Kugeln seitlich
vorstehen, daß also die Ringe
schmäler als sonst üblich ausgeführt wurden, trat eine Reduktion
des Rohmaterialpreises von 200 M.
ein (Preis für 205 mm breite Ringe
ca. 800 M.). Neben der Reduktion
des Materialpreises spielt die Verringerung der Schleiferkosten eine
ganz wesentliche Rolle. Wie wesentlich die durch das Fortlassen des Käfigs
eintretende Materialersparnis ist, geht am besten daraus hervor, daß bei Ver-

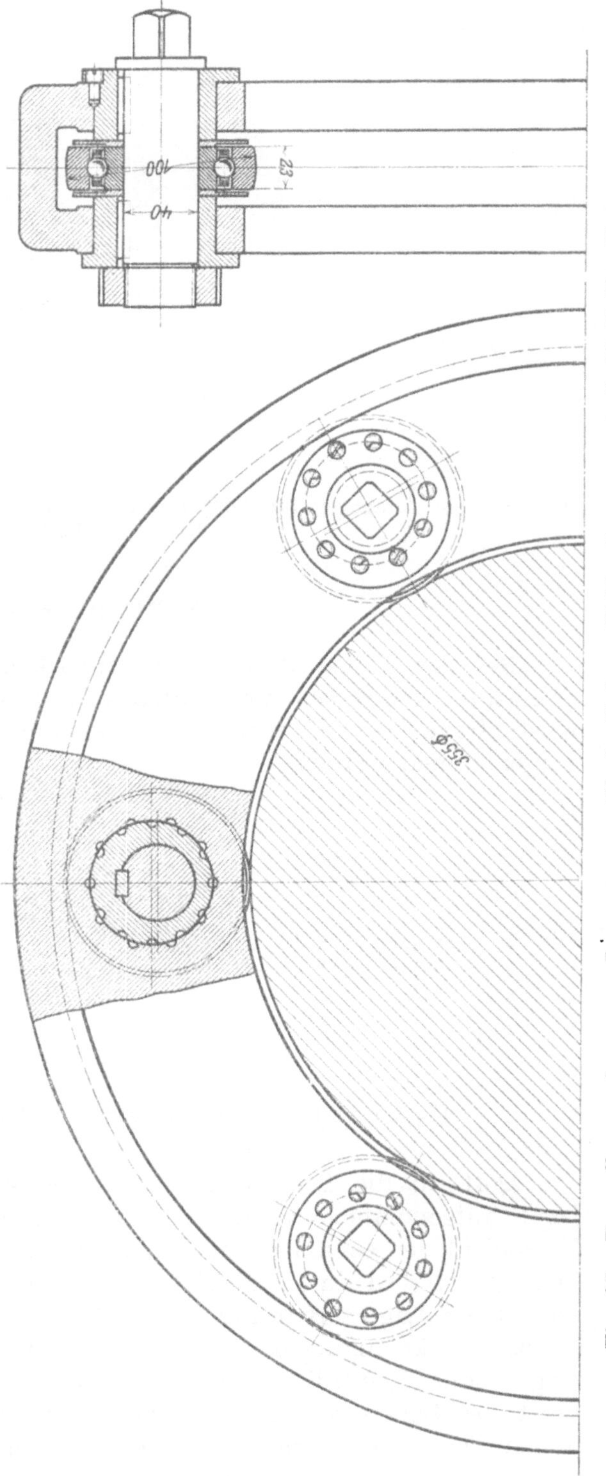

Fig. 87. Tragrollenanordnung zur Lagerung von Blechzylindern, Hohlwellen u. a. mit D. K. F.-Kugellagern.

wendung eines Käfigs und der damit verbundenen Vergrößerung der Kugel-
abstände der Außendurchmesser der unbearbeiteten Außenringe von 600 mm auf
700 mm anwächst, wodurch sich das Rohmaterialgewicht um etwa $^1/_3$ erhöht.

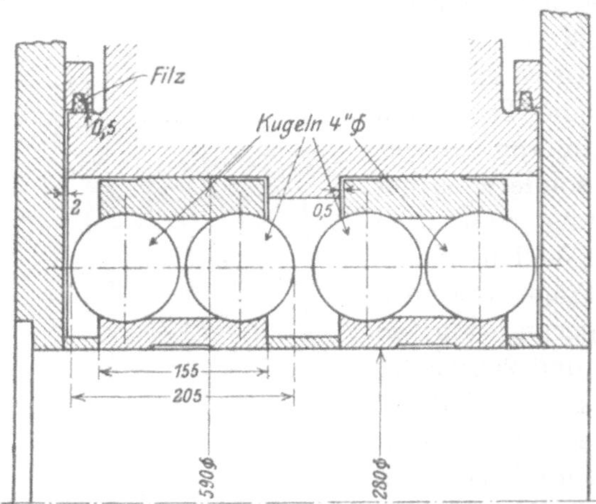

Fig. 88. Traglager für 200000 kg zum Trägerwalzwerk. Ausgeführt von den D. W. F.
für die Rombacher Hüttenwerke.

5. Schneckengetriebe.

Bei der Konstruktion von Schneckengetrieben empfiehlt es sich fast ausnahmslos, wenigstens die Stützdrucke durch Kugellager aufzunehmen. Wo die
Kostenfrage das nicht verbietet, sollten auch die Tragdrucke durch Laufringsysteme
aufgenommen werden.

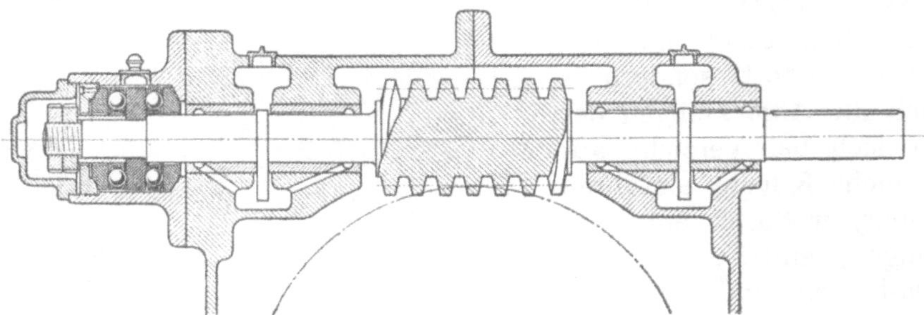

Fig. 89. Schneckengetriebe von E. Stolzenberg & Co., Berlin-Reinickendorf.

Dort wo die Tragdrucke durch Gleitlager und die Axialdrucke durch Stützlager aufgenommen werden (wie z. B. in Fig. 89), besteht die Gefahr, daß bei
Verschleiß der Gleitlager auch die Stützlager ihre genaue Lage nicht mehr beibehalten und dadurch überlastet werden. Je nach der Sorgfalt ihrer Wartung
wird diese Lagerzerstörung mehr oder weniger ins Gewicht fallen. Mit Sicherheit
werden Verklemmungen dadurch vermieden, daß die beiden äußeren Stützlagerringe ohne Laufrillen ausgeführt werden. Dadurch wird zwar die Tragkraft des Lagers vermindert, aber es treten klare Betriebsverhältnisse ein. Bei
hohen Tourenzahlen fällt die Verminderung der Tragkraft verhältnismäßig wenig
ins Gewicht, da bei diesen die Belastungen und die spezifische Flächenpressung
der Kugeln an sich schon gering sind. Im übrigen kann die Verminderung der
Lagertragkraft durch den Fortfall der Verklemmungsgefahr mehr als aufgewogen
werden.

Durch die Kugellager können die beim Schneckengetriebe ohnehin hohen und unangenehmen Kraftverluste wesentlich vermindert werden. Der Einbau von Kugellagern ist einfach und vielfach sogar billiger als die Anordnung von Gleitlagern. Da ferner Kugellager merkbarem Verschleiß nicht unterworfen sind, sichert die Verwendung von Laufringsystemen in höherem Maße als diejenige von Gleitlagern den vorgeschriebenen Wellenabstand. Mit Rücksicht darauf, daß starke Stöße in Schneckenlagerungen nicht aufzutreten pflegen, ist die Gefahr von Betriebsstörungen gering.

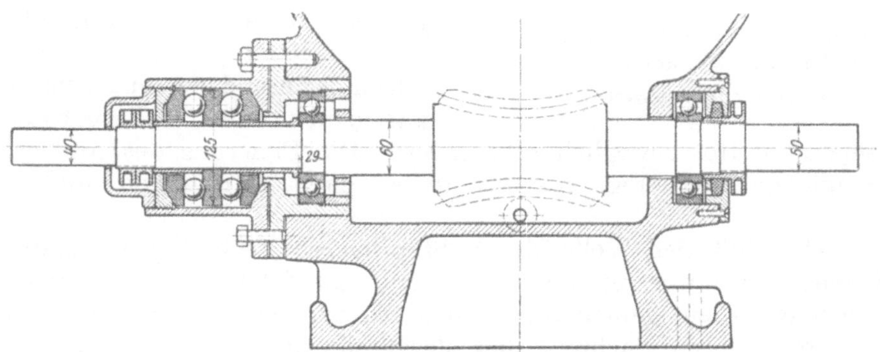

Fig. 90a. Lorenz-Schneckengetriebe. Maschinenfabrik Lorenz, Ettlingen.

Die verschiedenen Einbauten der Schneckengetriebe unterscheiden sich u. a. durch die Art der verwendeten Kugellager. Es kommen zur Anwendung: Das Dreiring-Stützlager (Fig. 89 und Fig. 90), das Zweiring-Stützlager der Maschinenfabrik Rheinland, Fig. 91, oder auch wohl kombinierte Trag- und Stützkugellager, Fig. 92. Dort wo stets nur Axialdrücke nach einer Richtung eintreten, genügt die Verwendung eines einfachen Stützlagers. Einbauzeichnungen der beiden verbreitetsten Wellenanordnungen sind in Fig. 90b und 91 wiedergegeben.

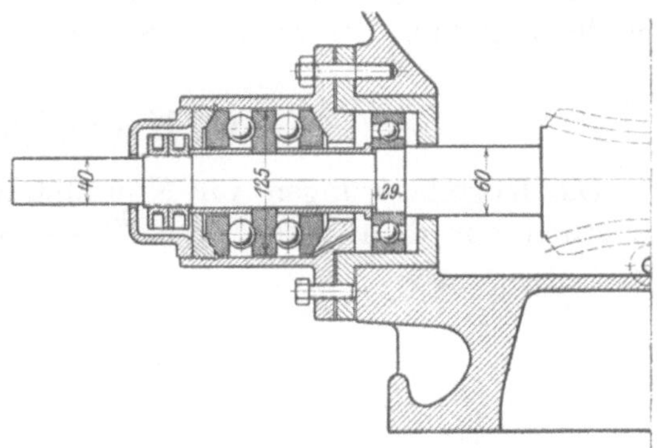

Fig. 90b.

Von den Kugellagerfabriken werden auch komplette Gehäuse mit dem eingebauten Stützlager gemeinsam auf den Markt gebracht (Fig. 89 und Fig. 90a und b). Diese Gehäuse sollten stets durch Zentrierungsringe in bezug auf ihre Lage zum Schneckengehäuse gesichert sein, wie das in Fig. 90 der Fall ist. Bei Ermangelung der Zentrierungsringe ist eine genaue Montage nicht mit Sicherheit möglich, da sich die Stützlagerringe in radialer Richtung stets etwas

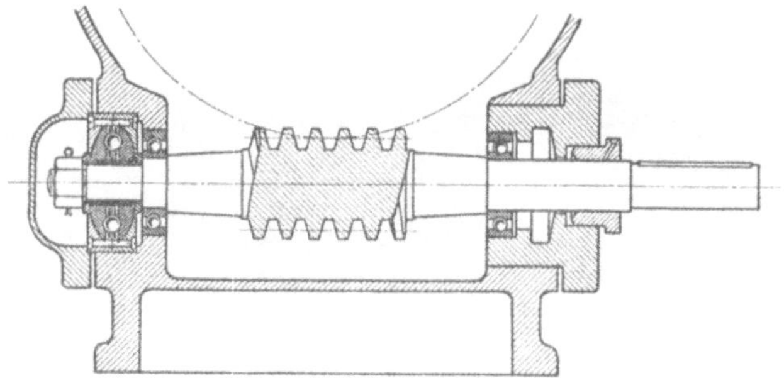

Fig. 91. Schneckengetriebe von E. Stolzenberg & Co., Berlin-Reinickendorf.

verschieben lassen und der Monteur nicht genau zu fühlen vermag, welche Stellung die genau zentrische ist. Dort wo fertige Stützlagergehäuse verwendet werden, ist gegenüber der Konstruktion Fig. 90a noch eine weitere Vereinfachung (Fig. 90b) möglich. Die Konstruktion Fig. 90b sieht für die Schnecke und für die Kugellager gesonderte Ölbäder vor. Das hat den Vorteil, daß die im Schneckengetriebe abgeschliffenen Metallteile nicht in die Kugellager gelangen können. Die aus Fig. 90b ersichtliche Bohrung verbindet die Ölbäder des Trag- und Stützlagers miteinander, so daß beide Lagerungen von gemeinsamer Stelle aus geschmiert werden können. Die Axialführung der Welle darf nur durch das Stützlager erfolgen, während die mit dem Stützlager auf gemeinsamer Welle gebauten Lauf-

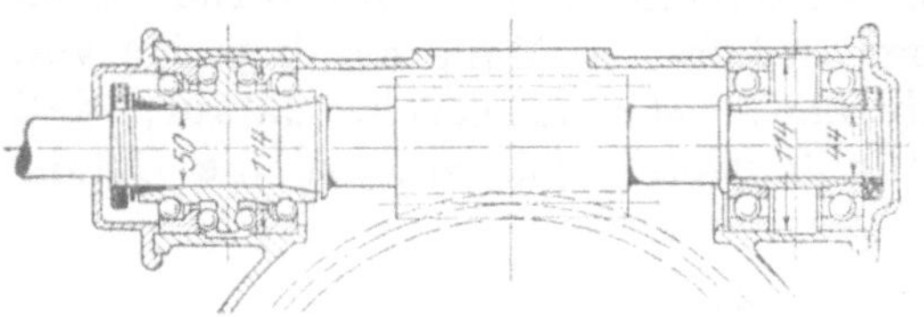

Fig. 92.   Schneckengetriebe von Dennis Bros in Guildford (für Motoromnibusse).

Aus: Heller, Motorwagenbau.

ringsysteme axial frei beweglich sein sollen. Die Fixierung des Außenringes am linken Traglager nach Fig. 90a ist daher nicht erforderlich und nicht zu empfehlen.

Der Ölabschluß der Welle durch Stopfbüchse nach Fig. 91 gestattet, das ganze Schneckengehäuse mit Schmiermaterial zu füllen, also für Schneckenrad und Schneckenwelle ein gemeinsames Ölbad zu verwenden. Die Konstruktion hat aber den vorerwähnten Nachteil, daß Metallteile aus dem Schneckengetriebe zu den Kugellagern gelangen können.

Die Lagerung der Schraubenradwelle kann in der gleichen Weise erfolgen, wie die Lagerung der Schneckenwelle.

6. Kreiselpumpenlager.

Die Kugellagerungen für Kreiselpumpen sind so zu gestalten, daß sie mit Sicherheit vor dem Zutritt von Wasser geschützt sind, um das den Kugellagern gefährliche Anrosten zu vermeiden. In der Regel werden von den Pumpengehäusen abgesonderte Lagersupporte verwendet. Ein aus Fig. 93 und 94 ersichtlicher Wasserabfluß führt etwa aus dem Gehäuse ausgetretenes Wasser vom Support so ab, daß es nicht an die Lagerstellen gelangen kann. Es empfiehlt sich, aus den auf S. 76 angeführten Gründen sowohl die Tragdrucke als auch die Stützdrucke durch Kugellager aufzunehmen. Die Stützlager dienen entweder nur zur Führung der Welle in axialer Richtung (nämlich dann, wenn die Welle

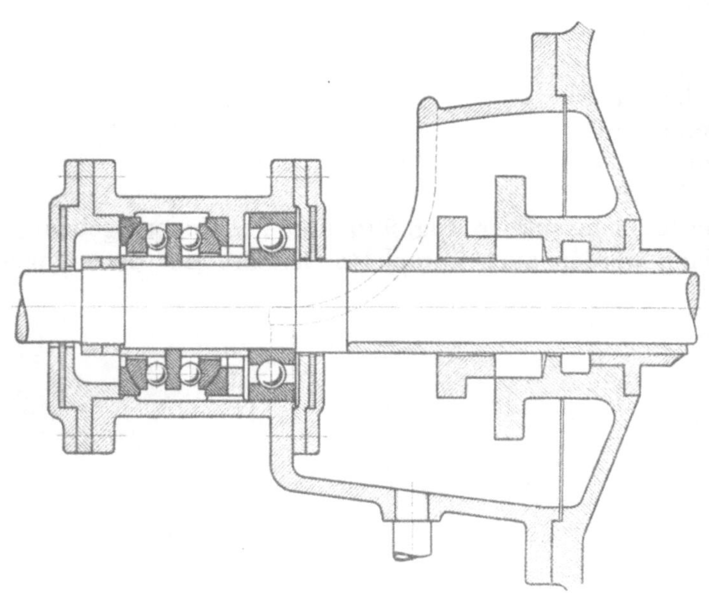

Fig. 93.   Spezialkonstruktion einer Sulzer-Hochdruck-Zentrifugalpumpe.

axial bereits hydraulisch ausgeglichen ist) oder aber, bei Kreiselrädern mit einseitigem Wassereintritt, deren Welle hydraulisch nicht ausgeglichen ist, zur Aufnahme des beträchtlichen Axialschubes. Im ersteren Falle kommen doppeltwirkende Stützlager nach Fig. 93 zur Anwendung, im letzteren Falle genügt die Anordnung eines einfachen Stützlagers nach Fig. 94. Die bei der letzteren Konstruktion aufgesetzte Schutzkappe dient gleichzeitig als Ölbad. Ein Ölring besorgt die Zuführung des Öles zu den Kugellagern und einige Nuten erleichtern die Ölbewegung.

Auch bei den Lagern Fig. 95 sind Schmierringe verwendet. Die Innenringe sitzen auf konischen Büchsen, die ja im allgemeinen (s. S. 50) für Kugellager nur ausnahmsweise verwendet werden. Im vorliegenden

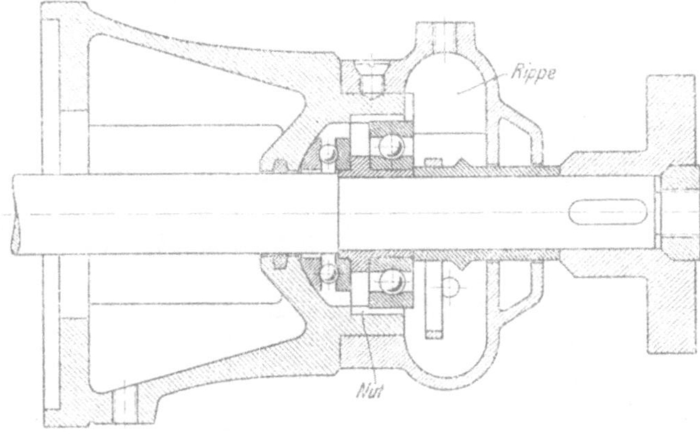

Fig. 94. Kreiselpumpenlagerung von Weise & Monski.

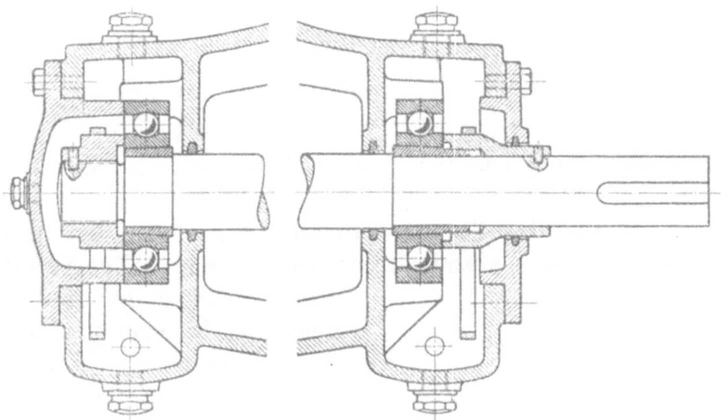

Fig. 95. Kreiselpumpenlagerung von Weise & Monski.

Falle waren für ihre Anwendung besondere, mit der Normalisierung der verschiedenen Pumpengrößen zusammenhängende Gesichtspunkte maßgebend.

Fig. 93 zeigt die Lagerung einer Sulzerschen Feuerlösch-Kreiselpumpe, wie sie vorwiegend für Automobilspritzen verwendet wird. Für sämtliche Lagerungen, auch für diejenigen der am andern Wellenende sitzenden Entlüftungspumpe sind Kugellager verwendet, um den Pumpenbetrieb möglichst dem Automobilbetrieb anzupassen.

Die Konstruktion der Maschinenfabrik Eßlingen (Fig. 96) nimmt nur die Stützdrücke durch Kugellager auf, während

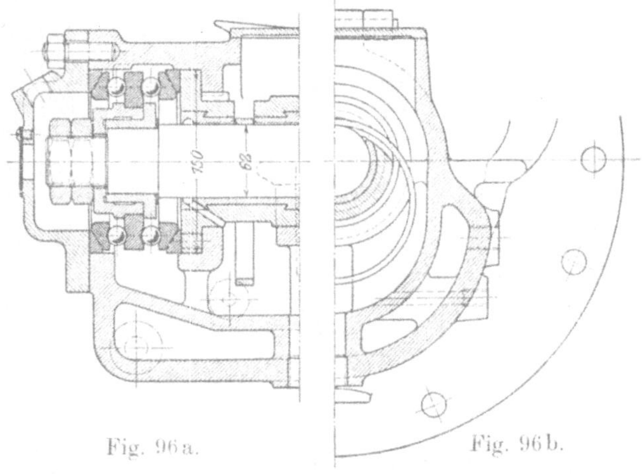

Kreiselpumpenlagerung der Maschinenfabrik Eßlingen.

die Tragdrücke durch Gleitlager abgefangen werden. Im übrigen erfolgt die Schmierung der Gleitlager durch Schmierring, diejenige der Kugellager durch Ölbad.

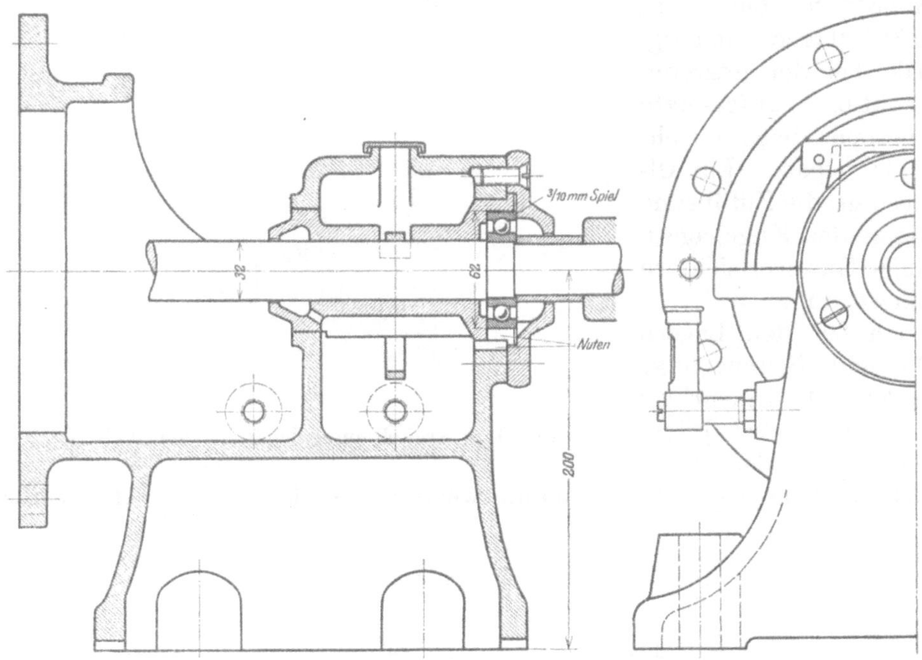

Fig. 97. Niederdruck-Kreiselpumpe von Weise & Monski mit axial entlasteter Welle und Laufringsystem zur axialen Wellenführung.

Um den richtigen Ölstand des Ölbades einzuhalten, ist an den in Fig. 96a sichtbaren Anschlußstutzen ein Ölstandrohr angeschlossen. Die Anordnung des Ölstandrohres zeigt die in Fig. 97 dargestellte Lagerung einer Niederdruck-Kreiselpumpe von Weise & Monski. Das Laufringsystem dient lediglich zur axialen Führung der gegen Axialschub hydraulisch entlasteten Welle. Dazu sei bemerkt, daß Laufringsysteme nur in geringem Maße für die Aufnahme von Stützdrücken geeignet sind, da sie bei stärkeren Achsdrücken verhältnismäßig beträchtlichem Verschleiß unterworfen sind. Der Einbau gestaltet sich übrigens ganz gleichartig, wenn statt des Laufringsystemes z. B. ein Zweiring-Stützlager verwendet wird.

Eine Lageranordnung für senkrechte Kreiselpumpenwellen (Konstr. Weise & Monski) ist in Fig. 98 wiedergegeben.

Im unteren Teil des Lagergehäuses kreist ein Flügelrad, das das Öl von einer unteren Ölkammer aus durch das in der Abb. links sichtbare Rohr zum oberen Halslager fördert, von dem es, die Lager schmierend, wieder zur unteren Ölkammer zurückgelangt.

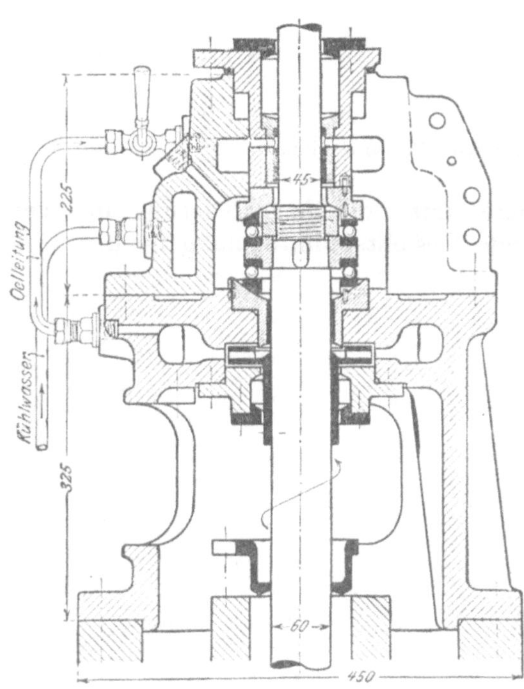

Fig. 98. Senkrechte Pumpenwelle von
Weise & Monski.

7. Kugellager im Kranbau.

Der Wert der Kugellager im Kranbau beruht nicht allein auf den geringen Reibungswiderständen, sondern auch besonders auf der Gleichmäßigkeit derselben. Nur für große, maschinell geschwenkte Kräne spielt die Gleichmäßigkeit eine geringe Rolle; dagegen ist auch für sie die bedeutende Verminderung der Anfahrwiderstände, die die Wahl erheblich kleinerer Motoren und Getriebe gestattet, von Wichtigkeit. Für von Hand geschwenkte Kräne ist neben der Verminderung der Anfahrwiderstände auch die Gleichmäßigkeit der Widerstände, auf Grund deren die gleichmäßige Bewegung der Kransäulen möglich wird, sehr wesentlich. Kugellager in den Bedienungskränen von Scheren, Stanzen, Schmiedehämmern u. a. erleichtern das genaue Einstellen des Arbeitsstückes bedeutend.

Fig. 99 stellt die Säule eines zu einer Hebellochmaschine gehörenden Kranes von Wagner & Co., Dortmund, dar. Die Säule wird in den stillstehenden Lagergehäusen geschwenkt. Am unteren Wellenende ist zur Aufnahme der Trag- und Stützdrucke ein kombiniertes Trag- und Stützlager verwendet. Der Innenring des unteren Laufringsystems ist lediglich durch die Gewichte des Krans axial gehalten, derjenige des oberen Laufringsystems aber durch einen Stellring, dessen Stellschrauben in entsprechende Anbohrungen der Welle so eingreifen, daß der Stellring „Anzug" hat. Die so erreichte Festspannung des Ringes ist wesentlich billiger, als diejenige durch Spannmutter. Der Stützdruck von 4000 kg wird durch 18 Kugeln von 13 mm Durchmesser aufgenommen, so daß die spezifische Flächenpressung im Stützkugellager

$$k_1 = \frac{P_1}{d_1{}^2 \cdot n} = \frac{4000}{1{,}3^2 \cdot 18}$$

$$= 132 \; (d \text{ in cm})$$

wird; das untere Traglager mit 11 Kugeln von 33 mm Durchmesser erfährt bei einem Tragdruck von 5900 kg eine spezifische Belastung von:

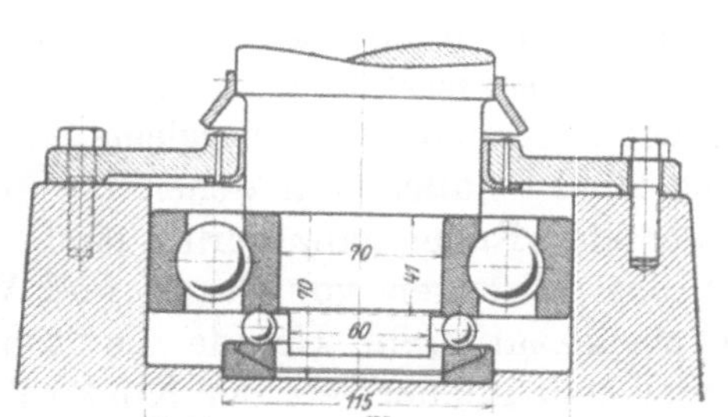

Fig. 99 a.

Fig. 99 b.

Kransäule zu einer doppelten Hebellochmaschine
von Wagner & Co., Dortmund.

$$k_2 = \frac{P_2}{0{,}2 \cdot n_2 \cdot d_2{}^2} = \frac{5900}{0{,}2 \cdot 11 \cdot 3{,}3^2} = 245 \; (d \text{ in cm}),$$

das obere Traglager bei 23 Kugeln von 26 mm Durchmesser eine solche von

$$k_3 = \frac{P_3}{0{,}2 \cdot n_3 \cdot d_3{}^2} = \frac{5900}{0{,}2 \cdot 23 \cdot 2{,}6^2} = 190.$$

Das untere Traglager erfährt bei $k = 245$ unter der Höchstlast eine reichlich hohe Flächenspannung. Es empfiehlt sich, möglichst nicht über $k = 200$ für die Höchstlast zu gehen.

Die Schmierung erfolgt durch konsistentes Fett. Da die Welle sich nur

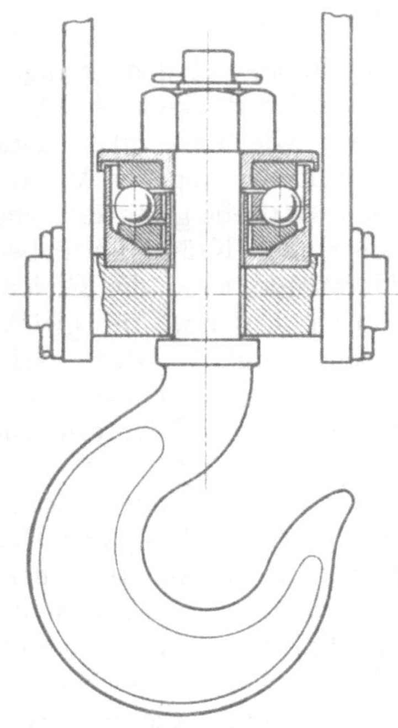

Fig. 100. Kranhaken mit S. K. F.-Stützkugellager.

langsam dreht und das Schmiermaterial nicht flüssig wird, ist es möglich, das obere Lager, bei Verzicht auf ein Ölstandsrohr, mit konsistentem Fett zu füllen.

Dort wo die Gefahr besteht, daß Staub oder Wasser in die Gehäuse dringen, empfiehlt es sich, die am unteren Gehäuse angebaute Schutzkappe anzubringen.

Für Kranhakenlager kann als zulässige Kugelpressung $k = 250$ (d in cm) angenommen werden. Bei der Kranhakenkonstruktion Fig. 100 der S. K. F. kommt ein sehr gedrungenes Stützkugellager (große Kugeln im Verhältnis zu den Ringquerschnitten, Käfig mit nach der Peripherie hin offenen Löchern, Käfig-Außendurchmesser kleiner als Außendurchmesser der Ringe) zur Anwendung. Die Reduktion des Kugellager-Außendurchmessers ist erwünscht, damit die zur Aufhängung des Hakens gehörenden Teile nicht überflüssig groß ausfallen. Eine in der Herstellung allerdings ziemlich teuere Büchse ermöglicht eine gute Schmierung des Lagers.

8. Achsbüchsen, Schiebebühnen, Drehscheiben.

a) Achsbüchsen. Als Achslager kommt das Kugellager in erster Linie im Automobilbau und seit neuerer Zeit auch für Gleisfahrzeuge zur Anwendung, während es sich für Pferdegespanne bisher nicht einführen konnte. Die Gründe sind darin zu suchen, daß einerseits die Achslager in verhältnismäßig starkem Maße der Gefahr der Zerstörung ausgesetzt sind; andererseits ist die durch die Kugellager bei Straßenfahrzeugen erreichbare Energieersparnis zuweilen unbedeutend, beispielsweise für schlechte Straßen, auf denen die Achslagerwiderstände gegenüber den Rollwiderständen der Räder ganz gering sind.

Die Zerstörung ist auf das Eintreten von Staub und Wasser, sowie zum Teil auch auf Stoßwirkungen zurückzuführen. Gerade die Stoßwirkungen sind bei Straßenfahrzeugen zuweilen viel bedeutender, als der Konstrukteur annimmt (besonders für eisenbereifte, dem Schleudern ausgesetzte Wagen). Das führt dazu, außer den Traglagern auch Stützkugellager einzubauen, oder auch wohl zur Verwendung der besonders in Amerika sehr stark verbreiteten Rollenlager mit konischen Rollen überzugehen.

Das Hinzukommen von Staub ist niemals ganz zu vermeiden, jedoch ist durch gut konstruierte Lagerdichtung, sowie dadurch, daß die Naben stets ganz mit Schmiermittel gefüllt sind, diese Gefahr wesentlich einzuschränken.

Das Eintreten von Wasser läßt sich dagegen durch zweckentsprechende Dichtungen mit Sicherheit verhindern, solange nicht durch die Ungeschicklichkeit der Wagenbedienung das Wasser in die Naben gelangt. Besonders das Waschen der Automobile, sofern dasselbe mit einem Spritzstrahl von starkem Druck erfolgt, kann natürlich zum Eintreten des Wassers führen, wenn dieser Strahl unmittelbar auf die Dichtungsfugen der Lager gerichtet wird.

Von der Allg. Berliner Omnibus-Gesellschaft wurden Versuche über die Rentabilität von Achs-Kugellagern in pferdebespannten Omnibussen angestellt. Da die

Straßenbahngesellschaft fortlaufend genaue statistische Aufzeichnungen über die Abnutzung ihres lebenden Materials macht, waren derartige Vergleiche möglich. Es wurden beispielsweise die Pferde täglich gewogen und die Ergebnisse unter Berücksichtigung der von ihnen geleisteten Arbeit aufgezeichnet. Gleiche Versuche wurden auch mit einigen Wagen, die mit Kugellagerachsen ausgerüstet waren, gemacht, um festzustellen, ob die Pferde bei Verwendung dieser Lager länger arbeitsfähig bleiben als bisher. Die Versuche hatten ein ziemlich negatives Ergebnis, da die Pferde, vor dem gleichen Wagen benützt, nicht länger als bisher arbeitsfähig blieben. Es war auch nicht möglich, die bisher mit zwei leichten Pferden bespannten Wagen nach dem Einbau der Kugellager nur mit einem schweren Zugtier zu bespannen. Immerhin ist anzunehmen, daß die Tiere bei Verwendung von Kugellagern in höherem Maße als bei Gleitlagern geschont werden, da gerade die Widerstände beim Anfahren erheblich verringert werden, und da bei den guten Pflasterungen der Großstädte die Widerstände an den Radreifen verhältnismäßig klein sind, weswegen die Achsreibung bereits einen wesentlichen Teil der Gesamtreibung ausmacht.

Die ersten Versuche mit Kugellagern in normalen Staatseisenbahnwagen wurden in der Eisenbahnhauptwerkstätte Grunewald bereits 1903 eingeleitet. Die Versuche, die mit im regelmäßigen Vorortverkehr stehenden Wagen (je ein Wagen II. und III. Klasse) ausgeführt werden, haben bis zur Stunde noch nicht zu einem Endergebnis geführt. Die Kugellagerungen haben sich im allgemeinen gut bewährt, ergaben jedoch bei den in größeren Abständen vorgenommenen Lagernachprüfungen mehrfach kleine Beschädigungen der Laufringsysteme bzw. der Kugellagergehäuse. Daß die Lager noch nicht in großem Maßstabe eingeführt wurden, ist einerseits darin begründet, daß für den Eisenbahnverkehr in sehr hohem Maße Betriebssicherheit erwiesen werden muß, andererseits dadurch, daß die Einführung von Kugellagern erhebliche Umwälzungen im Wagenpark zur Folge hat. Beispielsweise sind die Reibungswiderstände dieser Wagen so gering, daß sie schon auf sehr mäßig geneigter Strecke nicht mehr selbsthemmend sind, sondern jeder ausgekuppelte Wagen gebremst werden muß, um Durchgehen zu vermeiden.

Bei Achsbüchsen wirkt der Lagerdruck stets lotrecht nach oben, so daß die Gehäuse aus einem oberen stabilen Teil, der die Last aufnimmt, und einem unteren nur als Öl- und Staubschutz dienenden leichten Deckel bestehen können. An der Stelle, an der die Achsgabeln über die Lager greifen, müssen die Gehäuse stark eingeschnürt werden, so daß das Material hier sehr stark beansprucht wird. Die Gehäuse der vorerwähnten Lager zeigten bei den Prüfungen daher auch mehrfach an der in Fig. 101 mit xx bezeichneten Stelle Risse, und zwar waren die beiden senkrechten Gehäusewände in unmittelbarer Nähe des Lagerdeckels, wo die größten Zugspannungen eintreten, eingerissen. Der Übelstand wurde durch Verwendung von Stahlguß höherer Zugfestigkeit, sowie durch bessere Materialverteilung beseitigt.

In die verwendeten Laufringsysteme der Deutschen Waffen- und Munitionsfabriken lassen sich bei Verwendung undurchbrochener Laufringe (ohne Einfüllöffnung) 11 Kugeln von $1\,^3/_8''$ einbringen. Da der Druck auf die ganze Achsbuchse im belasteten Zustand ohne Berücksichtigung der Stöße 3300 kg und für das stärker belastete äußere System $\dfrac{3300\cdot133}{230}=1900$ kg ist, ergibt sich für dieses äußere Laufringsystem im Ruhezustand eine spezifische Belastung von

$$k=\frac{P}{0,2\cdot n\cdot d^2}=\frac{1900}{0,2\cdot11\cdot3,5^2}=70\ (d\ \text{in cm}).$$

Das andere System ist radial weniger belastet, muß dafür aber die Axialdrücke aufnehmen.

Als Belastungskoeffizient für Gleisfahrzeuge wähle man für den Ruhezustand $k = 80$ bis 120 je nach dem zur Verfügung stehenden Platz und den Betriebsverhältnissen (bei Straßenbahnwagen ist der Platz zumeist beschränkt). Tatsächlich werden die Belastungen während der Fahrt unter Berücksichtigung der Stöße erheblich höher.

Die genauen Messungen über die Größe der Anzugswiderstände an den beiden Versuchswagen (dreiachsig) ergaben folgende Resultate:

Zugkräfte beim Anziehen

	Gewicht in kg	Anzugskraft in kg	
		Gleitlager	Kugellager
1. Wagen	16130	350	25
2. Wagen	17020	400	40
Beide Wagen . .	33150	448	53

Die Tabelle zeigt, daß bei Versuchen mit einem einzelnen Wagen die Unterschiede zwischen Gleit- und Kugellagern sehr bedeutend sind (Widerstände für Gleitlagerwagen 10 bis 14 mal so groß als für Kugellagerwagen). Bei Versuchen mit den beiden Wagen zusammen zeigt sich ein wesentlich geringerer Unterschied, denn in dem Augenblick, in dem der zweite Wagen angezogen wird, befindet sich der erste Wagen, wegen der Verwendung nachgiebiger Kupplungen, bereits im Zustand der Bewegung, so daß die für seine Bewegung erforderliche Zugkraft bereits von 350 kg auf 48 kg gesunken ist, und diejenige des mit Kugellagern ausgerüsteten Wagens von 25 kg auf 23 kg. In diesem Augenblick ist die Zugkraft für den ersten Gleitlagerwagen nur noch doppelt so groß, als diejenige für den ersten Kugellagerwagen. Der Unterschied zwischen Gleitlager- und Kugellager - Reibungswiderstand wird, wenn mehr als zwei Wagen verwendet werden, offenbar noch geringer.

Die Messungen auf der Strecke (40 km Geschwindigkeit) zeigten, daß die Widerstände für die Kugellagerwagen von 63 kg auf 88 kg anwuchsen, und für die Gleitlagerwagen von 448 auf 98 kg heruntergingen. Auch bei noch etwas gesteigerter Geschwindigkeit ist also

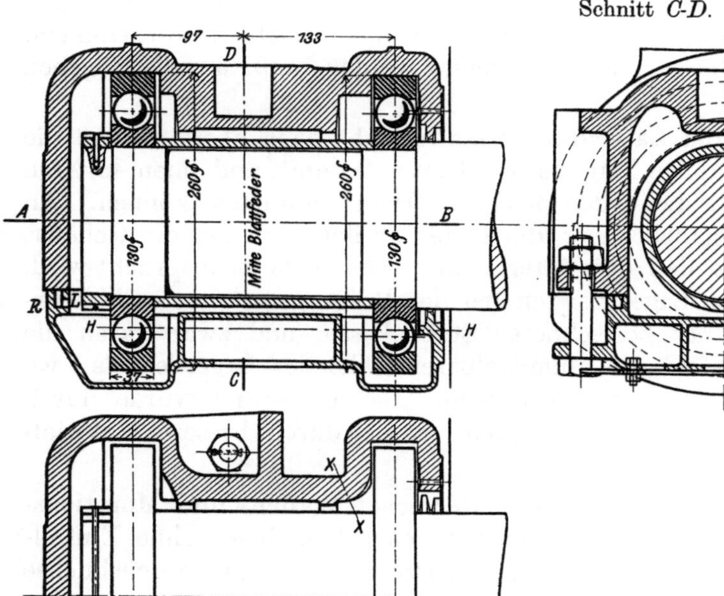

Fig. 101. Achsbuchse zum Personenwagen der Eisenbahnhauptwerkstätte Grunewald. Ausgeführt von der D. W. F.

mit einer Energieersparnis von $10^0/_0$ zu rechnen.

Die Verminderung der Anzugskraft spielt in vielen Fällen eine wesentliche Rolle. Für die durch Hand betätigten Wagen (Draisinen, Bahnmeisterwagen) macht sich die Zugkraftverkleinerung während des Anfahrens besonders angenehm bemerkbar.

Beim Durchfahren der Kurven treten wesentliche Achsdrücke auf, die im Straßenbahnbetrieb bei den dort üblichen scharfen Kurven so beträchtlich werden, daß es sich stets empfiehlt zur Aufnahme dieser Achsdrücke gesonderte Stütz-kugellager oder besonders reichlich dimensionierte (mehrrillige) Traglager zu verwenden. Da der Rechnung zugrunde gelegt werden muß, daß von den beiden Achsbuchsen einer Achse nur die eine den Achsialdruck der ganzen Achse aufzunehmen hat, ergibt sich als Achsialdruck, wenn G das auf der Achsbuchse ruhende Gewicht und v die Wagengeschwindigkeit in m pro Sekunde ist:

$$C = \frac{2 \cdot G \cdot v^2}{g \cdot r},$$

das ist bei einem nur mit 4 m/sek in einer Kurve von 15 m Radius fahrenden Wagen

$$C = \frac{2\,G \cdot 16}{9{,}81 \cdot 15} = 0{,}22\,G,$$

d. h. der Achsdruck ist 0,22 mal so groß, als der Radialdruck, den die beiden Laufringsysteme einer Achsbuchse zusammen aufzunehmen haben. Da an der Aufnahme des Axialdruckes immer nur ein Laufringsystem teilnimmt, ist dieses eine System also in axialer Richtung nahezu $^1/_2$ so stark belastet, wie in radialer.

Die Konstruktion Fig. 102, bei der doppelrillige Laufringsysteme mit sphärischer Laufbahn angewendet sind, rührt von den S. K. F. her, die Konstruktion nach Fig. 103 wird mit mehr oder weniger Abweichungen von einer Reihe von Firmen angewendet. Die Zeichnung entstammt der Riebe-Kugellager- und Werkzeugfabrik Berlin-Weißensee. Die gezeichnete Achsbuchse ist eine Automobilradlagerung, die in höherem Maße als eine Gleisfahrzeuglagerung der Gefahr ausgesetzt ist, daß Wasser oder Schmutz in die Gehäuse dringen. Deswegen ist der Gehäusedeckel

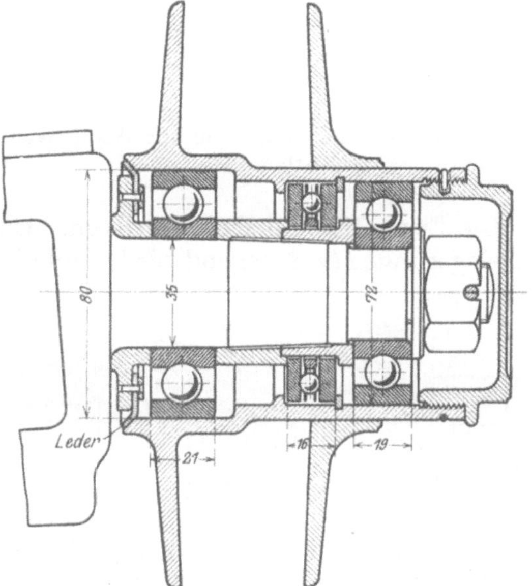

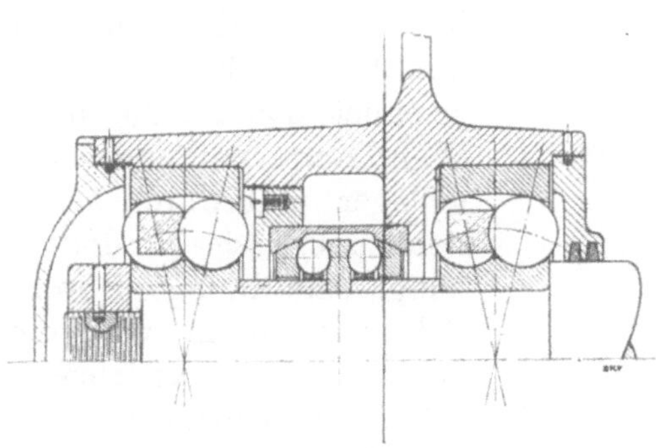
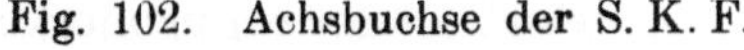

Fig. 102. Achsbuchse der S. K. F.

Fig. 103. Automobilachslagerung der Riebe-Kugellager- und Werkzeugfabrik.

auf der Innenseite des Wagens nicht am Gehäuse, sondern auf der Achse befestigt. Dadurch wird erfahrungsgemäß erreicht, daß das Wasser schwerer in das Gehäuse gelangt (es wird leichter abgeschleudert). Dennoch hindurchgedrungenes Wasser kann leichter abfließen. Der gleiche Grundsatz ist auch bei der

Automobilachslagerung von Saurer (Fig. 104) beobachtet, bei der im übrigen keine Stützkugellager zur Anwendung kommen. Bei gleichmäßiger Auflage der Vollgummireifen haben beide Laufringsysteme den gleichen Druck aufzunehmen, der im Ruhezustand für den belasteten Wagen pro Laufringsystem 1600 kg (3200 kg pro Rad) und im Bewegungszustand unter Berücksichtigung von 60 Proz. Stößen ca. 2500 kg beträgt. Bei dieser Last wird das äußere Laufringsystem bei 11 Kugeln von 24 mm Durchmesser mit $k =$ ca. 200 (d in cm) also sehr hoch belastet und daher einem verhältnismäßig starken Verschleiß ausgesetzt. Eine Verbesserung dieses Zustandes ist dadurch erzielbar, daß der Abstand der Radmittelebene vom äußeren Lager größer gewählt wird, als derjenige vom inneren Lager. Das innere Lager wird bei 12 Kugeln von 25 mm Durchmesser und bei 2500 kg Last mit $k = 167$ belastet. Bei der Wahl der Systeme ist die Durchbiegung der Achsschenkel mitberücksichtigt, die für das äußere Lager größer als für das innere ist und für dieses erstere auch zur Verminderung der Stöße beiträgt. Daher weichen die spezifischen Flächenpressungen der Kugeln beider Lager weniger voneinander ab, als die vorstehende Rechnung ergibt.

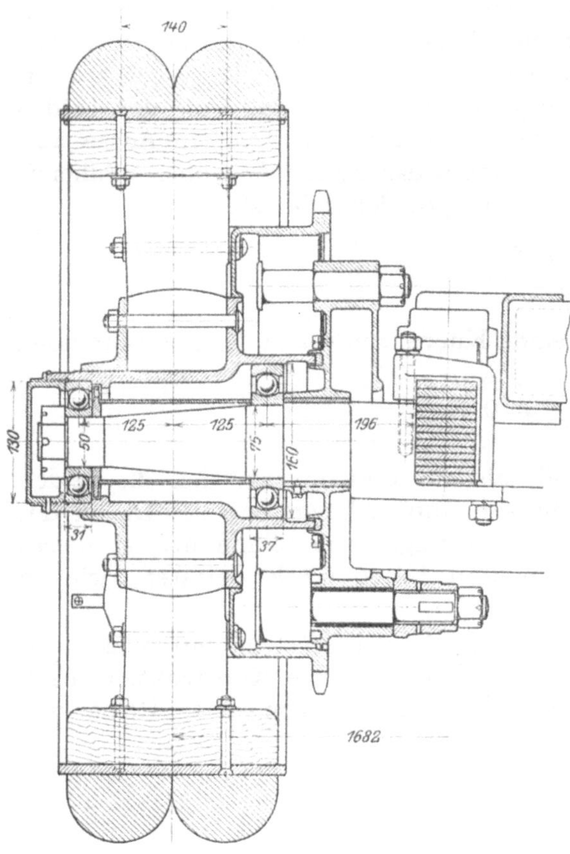

Fig. 104. Automobilachslagerung von Adolf Saurer, Arbon.

Die Firma Schmid-Roost, Örlikon, bringt eine Konstruktion normalisierter Achsbuchslagerungen (vorwiegend für Trambahnen, aber auch für andere Gleisfahrzeuge) heraus, die sich sehr gut bewährt hat (Fig. 105). Sie zeichnet sich aus durch die Wahl sehr tragfähiger Kugellager und durch besonders zuverlässige Staubdichtung (Anordnung mehrerer Schutzkammern vor den Lagern, die gleichzeitig schleuderringartig ausgebildet sind), sowie durch den Fortfall der für große Achsen kostspieligen Gewinde. Am Wellenende ist für die Fixierung der Lagerinnenringe ein zweiteiliger Ring verwendet, der durch einen Blechring zusammengehalten wird. Die Außenringe werden durch einen ähnlichen dreiteiligen Ring seitlich gehalten.

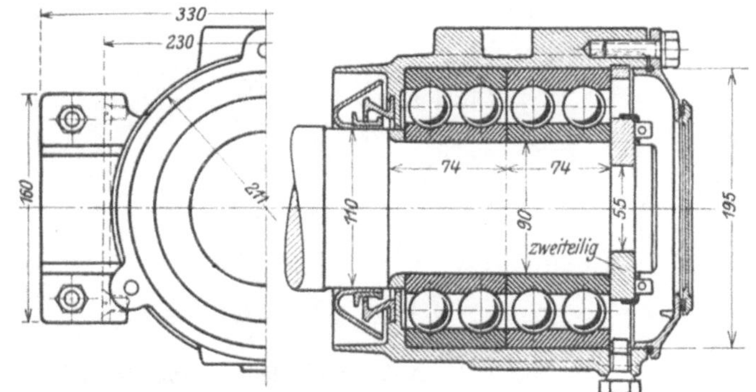

Fig. 105. Achsbuchslagerung für Gleisfahrzeuge von Schmid-Roost, Örlikon.

Die Lager, die für die verschiedenen Achsbuchsdurchmesser normalisiert sind, wurden bereits im großen Maßstabe mit gutem Erfolg im Betrieb erprobt.

Ein großer Vorzug der Kugellager im Trambahnbetrieb ist die Verminderung der Anzugswiderstände und die damit verbundene bedeutende Verminderung der Stromstöße, die eine Einschränkung oder Beseitigung der Pufferbatterien zuläßt.

b) Schiebebühnenlager. Bei Schiebebühnen, die stets nur ein kurzes Stück bei geringen Geschwindigkeiten ($v =$ ca. 1 m/sek.) zu fahren haben, spielen die Anfahrwiderstände eine wesentliche Rolle. Durch Verwendung von Kugellagern werden die Anfahrwiderstände erheblich vermindert und die Anfahrgeschwindigkeiten erhöht. Die Verminderung der Anfahrwiderstände gestattet die Wahl eines erheblich geringeren Antriebsmotors, dessen Minderpreis bereits zum guten Teil den Mehrpreis der Kugellager aufhebt. Etwaige verbleibende Mehrkosten werden durch die fortlaufende Energieersparnis leicht ausgeglichen, sofern die Kugellager zweckmäßig, d. h. nicht zu teuer konstruiert werden.

An kleineren Schiebebühnen vorgenommene Versuche haben ergeben, daß die mit Kugellagern ausgerüsteten für die Fortbewegung nur halb so viel Energie als die mit Gleitlagern ausgerüsteten erfordern, welches Verhältnis beim Anfahren sich natürlich noch wesentlich zugunsten der Kugellager verschiebt. Als Beispiel für die Ausrüstung großer Schiebebühnen ist eine Lokomotiv-Schiebebühne der Eisenbahnwerkstätteninspektion Eberswalde, die verlängert werden sollte, besonders geeignet. Es wurden nicht nur die neu hinzukommenden Wellenstücke mit Kugellagern ausgerüstet, sondern auch die vorhandenen Gleitlager beseitigt und durch Kugellager nach dem Entwurf des Verfassers ersetzt. Die in Fig. 106 dargestellte, von den Deutschen Waffen- und Munitionsfabriken ausgeführte Kugellagerung wurde gewählt einerseits mit Rücksicht auf billige Preise, anderseits weil die Forderung gestellt war, gegebenenfalls die Kugellager ohne Umbau der Schiebebühne gegen die alten bereits vorhandenen Gleitlager auswechseln zu können. Die Lagerschilde, gegen die die bisherigen Gleitlager geschraubt waren, wurden infolgedessen unverändert gelassen. Um die Dimensionen so klein zu halten, daß die Kugellager noch in diese Lagerschilde hineinpassen, wurde auf ein gesondertes Lagergehäuse verzichtet, vielmehr dienen die Außenringe gleichzeitig als Gehäuse. Im übrigen wurden die aus der Figur ersicht-

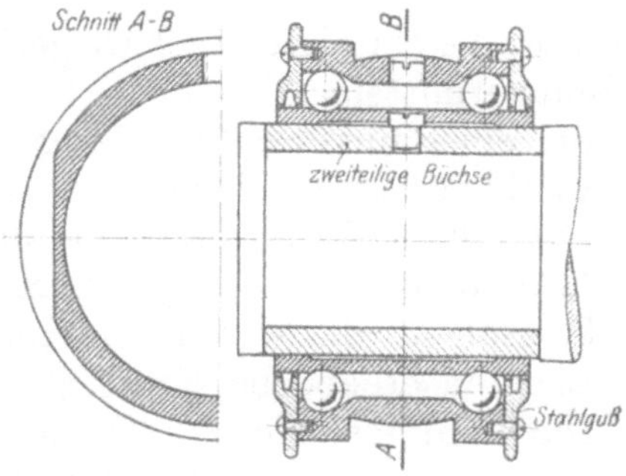

Fig. 106. Schiebebühnenlager für 9000 kg ruhende Last der D. W. F.

lichen seitlichen Abflachungen vorgenommen, um die Lager der Form der Lagerschilde anzupassen. Seitlich gegen den Außenring geschraubte gußeiserne Deckel bewirken die Öl- und Staubdichtung. Über den bisherigen Gleitlagerwellenzapfen wurde eine zweiteilige Hülse, auf die sich der Kugellager-Innenring von 120 mm Bohrung aufsetzt, geschoben. Ein Vorzug dieser Konstruktion ist, daß nicht nur die Dimensionen sehr klein ausfallen, sondern daß auch die Schleifarbeiten auf ein Minimum reduziert werden. Lediglich die Bohrung des Innenringes und die Kugellaufbahn sind zu schleifen, die Bohrung ebenfalls nur an den beiden Seiten, während der mittlere Teil der Bohrung um etwa 1 mm im Durchmesser größer gedreht war, zwecks Verringerung der Schleifarbeit.

Je nach dem Gewichte und der augenblicklichen Stellung der zu verschiebenden Lokomotiven schwankt der Lagerdruck. Maximal beträgt die ruhende Last pro Kugellager 9000 kg (4500 pro Kugelreihe). Der verfügbare Platz gestattet, bei Verzicht auf den im vorliegenden Falle nicht gerade erforderlichen Käfig, 42 Kugeln von 24 mm im Laufringsystem unterzubringen, so daß die spez. Kugelbelastung

$$k_{max} = \frac{9000}{0,2 \cdot 42 \cdot 2,4^2} = 186 \;(d \text{ in cm})$$

wird.

Während des Fahrens erhöht sich die Belastung durch das Auftreten von Stößen noch etwas, jedoch wegen der geringen Geschwindigkeit, verhältnismäßig wenig. Dagegen haben die Kugellager — aber stets nur im Zustande der Ruhe — die Stöße aufzunehmen, die beim Auffahren der Lokomotive auf die Schiebebühne entstehen.

Die umgebaute Schiebebühne vermag Nutzlasten bis zu 90 t aufzunehmen. Der 15 PS-Motor der alten (für 70 t bestimmten) Schiebebühne genügte auch nach dem Umbau zur Fortbewegung. Weitere Messungen über den Energieverbrauch nach dem Umbau wurden leider nicht angestellt.

Mit Bezug auf die Rentabilität der Kugellageranordnung sei folgende Gegenüberstellung an Hand der Eberswalder Schiebebühne gemacht. Die für Eberswalde verwendeten Kugellager erfordern gegenüber Gleitlagern einen Mehrpreis von maximal M. 70 pro Stück, die erforderlichen 14 Lager also ca. 1000 M.

Für Gleitlager muß für die 90 t-Bühne ein Motor von 25 PS zu ca. 1500 M. und für Kugellager ein 10 PS-Motor zu ca. 800 M. vorgesehen werden.

Die mit Kugellagern ausgerüstete Schiebebühne wird demnach nur um 300 M. teurer als die mit Gleitlagern ausgerüstete.

Im übrigen werden an Strom bei einer jährlichen Betriebszeit von 1000 Std. und bei einer durchschnittlichen Stromabnahme von 16 PS an der Gleitlagerschiebebühne und 8 PS an der Kugellagerschiebebühne jährlich 8000 PS/st gespart, die PS/st mit 0,05 M. gerechnet also jährlich 400 M. Dazu kommen, da die Kugellager nur alle Halbjahre mit Öl gefüllt werden müssen, noch merkliche Ersparnisse an Schmiermitteln.

Bei einer unversenkten Wagenschiebebühne in der Eisenbahnhauptwerkstätte Grunewald ergab sich einem Berichte des Herrn Reg.- und Baurates Cordes[1]) zufolge eine wesentliche Energieersparnis dadurch, daß bei einigen Tragrollen von 280 mm Durchmesser die Zapfenlager durch Kugellager ersetzt wurden. Die Zapfenlager der Tragrollen, die wesentlich stärker belastet sind, als die Schiebebühnenräder, verursachten erhebliche Kraftverluste.

Diese Bühne von 9 m Länge sollte mit Hilfe eines dreigängigen Schneckengetriebes von einem 15 PS-Drehstrommotor angetrieben werden. Da dieser bei den ursprünglich eingebauten Zapfenlagern der Tragrollen nicht genügte, wurden statt ihrer Kugellager eingebaut. Danach lief der Motor bei der größten Schiebebühnenbelastung mit Leichtigkeit an.

Der unter Last laufende Motor nimmt bei Ingangsetzung der Bühne 50 Amp., 225 Volt auf; beim Weiterlauf vermindert sich die Stromstärke auf die Hälfte. Bei der Gleisanlage für die Räder der Bühne ist darauf Bedacht genommen, daß die Fahrbahn nicht durch Lücken unterbrochen wird, die die Ursache von Stößen werden.

Das in Fig. 107 dargestellte, speziell für Schiebebühnenlager geeignete Gehäuse ist aus Flußeisen hergestellt, einesteils, um bei den großen Lagerdrücken noch ein einfaches und leicht dimensioniertes Lagergehäuse zu erhalten, anderenteils, um eine günstige Verteilung der Last über sämtliche Kugeln zu erreichen.

Die Verwendung der üblichen Gußgehäuse würde wegen der auftretenden hohen Drücke und der daraus hervorgehenden hohen Zugspannungen zu sehr

---

[1]) Veröffentlicht in Glasers Annalen für Gewerbe und Bauwesen 1910, Bd. 67, Nr. 799: „Verwendung von Kugellagern für Schiebebühnen."

reichlichen Gehäusedimensionen geführt haben, ohne daß die Gefahr der ungleichmäßigen Belastung beseitigt wäre. Aus diesem Grunde erfolgte die Aufhängung
der Laufringsysteme in einem durchbiegungsfähigen
flußeisernen Bande, das lediglich mit Rücksicht auf
die Einführung des Schmiermittels und zum Staubschutz auf beiden Seiten einen Deckel erhält. Für
die Belastung der Kugeln behält die allgemein übliche
Gleichung ihre Gültigkeit nicht bei, sondern es sind
die auf Seite 24 gemachten Ausführungen zu berücksichtigen.

c) Drehscheibenlager. Die Verhältnisse für die
Drehscheibenlager liegen ungefähr ebenso, wie die für
Schiebebühnenlager. In der Regel werden die Lagerdrücke hier allerdings höher, weswegen die Laufringsysteme verhältnismäßig teuer werden. Zweckmäßig
ist es auf alle Fälle, den Königsstuhl mit Stützkugellagern auszurüsten. Dort wo die Drehung nicht von
Hand, sondern motorisch vorgenommen wird, kann
der Mehrpreis der Kugellager zum guten Teil durch
die Minderausgabe für den kleiner ausfallenden Motor
wett gemacht werden. Die Energieersparnis wird in
der Regel geringer sein als bei Schiebebühnen, weil
diese gewöhnlich längere Betriebszeiten als die Drehscheiben besitzen. Für die großen Laufringsysteme
kann zwecks Verringerung der Herstellungskosten die
Verwendung von halbkreisförmigen Außenringen in
Betracht kommen, so daß aus jedem vollen Ring zwei
Ringhälften, jede für ein Traglager genügend, her-

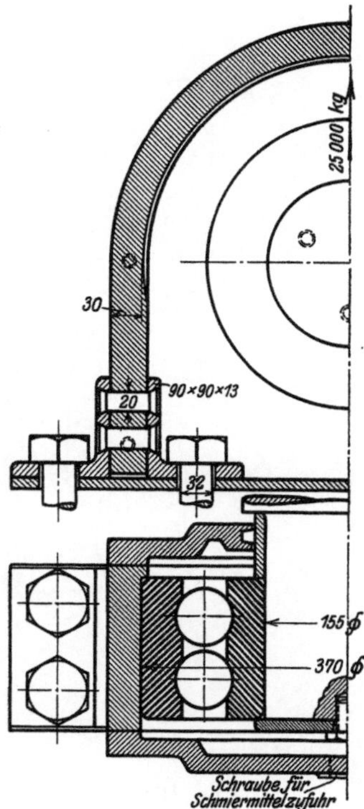

Fig. 107. Schiebebühnenlager
mit flußeisernem Gehäuse.

gestellt werden können. Die Ringe können entweder vor dem Härten völlig zerteilt
werden, was unter Umständen die Gefahr starken Verziehens mit sich bringt, oder
sie werden nur an den Trennungsstellen leicht eingekerbt und nach dem Härten
an den geschwächten Stellen durchbrochen. Die Verwendung halber Ringe ist
mit Rücksicht darauf angängig, daß die Lager stets nur in einer Richtung belastet werden. Die Außenringe müssen, damit die Kugeln beim Einführen nicht
verklemmt werden, eine Aussparung an den Auslaufstellen haben.

9. Kurbelwellen.

Die Vorzüge der Kugellager für Kurbelwellen bestehen außer in der Verminderung der Reibungswiderstände, auch in der zuweilen wichtigen Verkürzung
der Wellenlänge. Besonders bei einkurbeligen Wellen, bei denen die Montage
der Systeme sehr leicht ist (es braucht kein Laufringsystem über die Kurbeln
hinübergezogen zu werden), ist diese Verkürzung von Wichtigkeit. Die Durchbiegung der Welle und die Kurbelgehäuselänge werden vermindert. Wegen der
starken Beanspruchung empfiehlt sich die Montage mit Preßsitz. Die in Fig. 108
dargestellte Kurbelwelle eines Einzylinder-Explosionsmotors von 250 mm Hub,
250 mm Zylinderdurchmesser ist an jedem Wellenende in einem Traglager No. 418
der Berliner Kugellagerfabrik gelagert. Der Kurbeldruck wird bei einer Anfangs-
spannung von 30 Atm

$$P = 30 \cdot 25^2 \frac{\pi}{4} = 14\,800 \text{ kg},$$

und die sich auf vier Kugelreihen zu je 11 Kugeln, 40 mm Durchmesser, verteilende Belastung ruft eine spezifische Kugelpressung von $k = 105$ (d in cm) hervor.

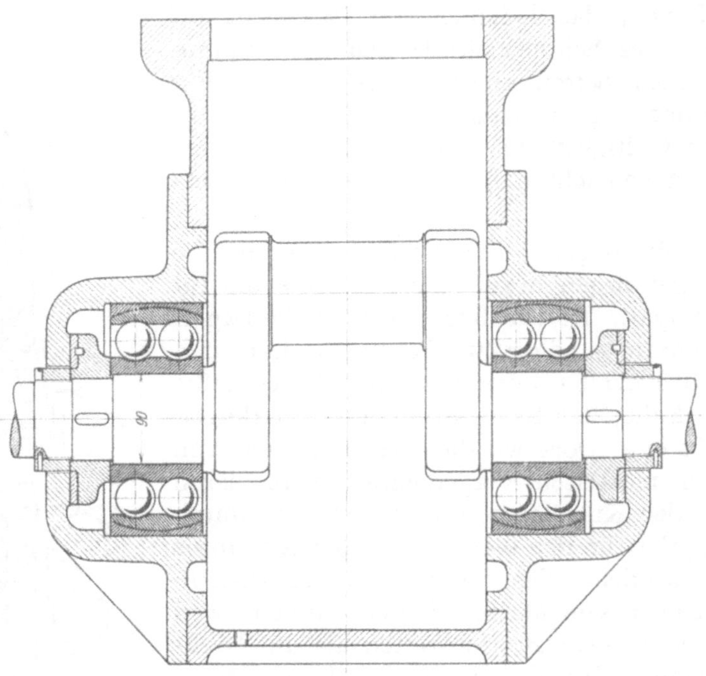

Fig. 108. Kurbelwellenlager der Motorenfabrik Joh. Boot, Alphen a. d. Rijn.

Die Tourenzahl/min beträgt 300—350. Da im Kurbelgehäuse ein Überdruck von ca. 1 atm herrscht, sind Dichtungsscheiben vorgesehen.

Bei der in Fig. 109 dargestellten Kurbelwellenlagerung eines 14 Zylinder-Flugzeug-Gnômemotors der Neuen Automobil-Gesellschaft Berlin bietet die Mehrteiligkeit der Kurbelwelle Interesse. Mit Rücksicht auf diese Mehrteiligkeit ist es leicht, die Traglager auf die Kurbel zu bringen. Die stillstehende Welle ist auf der rechten Seite fest eingebaut und auf der linken Seite mit Hilfe des Laufringsystems L_1 in dem sich drehenden Kurbelgehäuse gelagert. Das Gehäuse wiederum ruht in gleicher Weise auf der linken Seite in einem stillstehenden Lager und auf der rechten Seite in dem auf

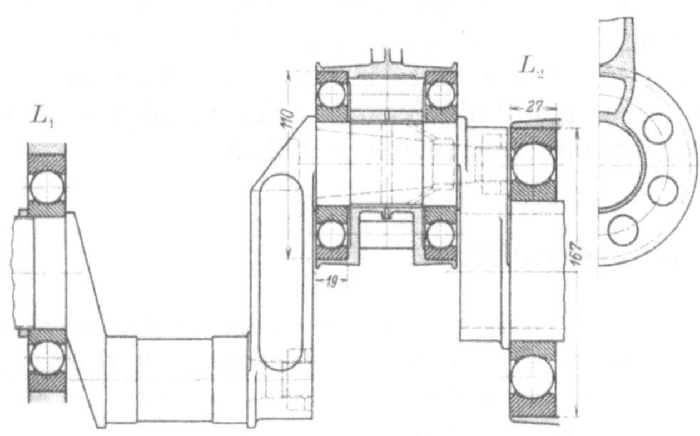

Fig. 109. Kurbelwelle zum N. A. G.-Flugzeugmotor.

der Welle montierten Lager L_2. Der vom rechten Wellenende ausgehende Schmierkanal gibt sowohl an die Gleitlager-Drehzapfen der Pleuelstangen, wie an die Kugellager Schmiermaterial ab. An jeder der beiden Kurbeln wirken 7 Zylinder, von denen gleichzeitig maximal 2 im Arbeitshub sind, und zwar ist die Resultierende ihrer Kolbenkräfte etwa gleich dem Anfangsdruck eines einzelnen Zylinders. Bei 108 mm Zylinderdurchmesser und 30 atm Anfangsdruck, also 2700 kg Kolbendruck, werden die beiden Systeme der Kurbel (Systeme Nr. 9 mit 12 Kugeln

$^{11}/_{16}''$) mit 2700 kg belastet, entsprechend $k = 185$ (d in cm). Die Pleuelstangen-lagerung entspricht der allgemein üblichen[1]), d. h. der Pleuelstangenkopf ist mit

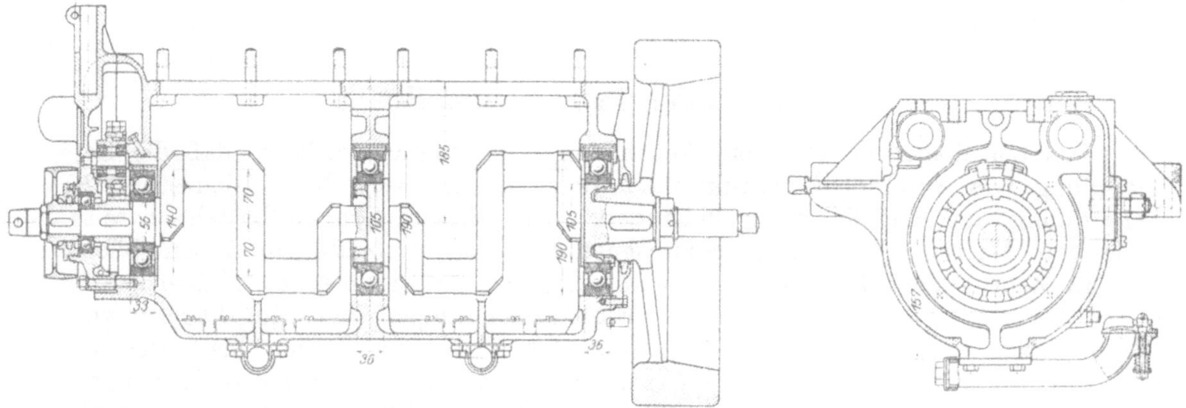

Fig. 110. Automobil-Kurbelwelle der Firma Adolph Saurer, Arbon (Schweiz).

einer der Pleuelstangen fest verbunden, die übrigen sechs Pleuelstangen schwin-gen um die aus der Zeichnung er-sichtlichen Gleitlager-Zapfen. Die Welle macht 1100 Umdr./min. Die Kurbelwellenlager, deren Platz in geringerem Maße als der der Pleuelstangenlager be-schränkt ist und deren Drücke sich durch die Wahl der Zünd-folge der beiden Zylinderreihen verhältnismäßig klein halten las-sen, bieten in bezug auf das Unterbringen keine Schwierig-keiten.

Die in Fig. 110 gezeigte Au-tomobilmotorwellenlagerung der Firma Saurer, Arbon, zeichnet sich durch die für das mittlere Lager verwendete Verstärkung aus, deren Be-nutzung das Hinüberschieben des Kugellagers über die Kurbeln wesentlich erleichtert[2]). Sicherung der Mutter durch Splint. Die Welle gehört zum Vierzylindermotor von 110 mm Bohrung, 140 mm Hub, 1000 Umdr./min, 30 PS.

In Fig. 111 ist eine Lagerung für einen Kompressor. Konstruktion der Deutschen Kugellagerfabrik, von $n = 500$, $P = 800$ kg dargestellt. Das an dem einen Schub-stangenende untergebrachte System Nr. 306d erfährt bei zwei Kugelreihen zu je 12 Kugeln $^7/_{16}''$ einen Druck von $k = 134$ (d in cm), und das am anderen Ende ein-gebaute einrillige Lager Nr. 215 von 18 Kugeln $^9/_{16}''$ einen spezifischen Druck von $k = 110$ (d in cm). Der Außen-ring des doppelrilligen Lagers ist im Pleuelstangengehäuse

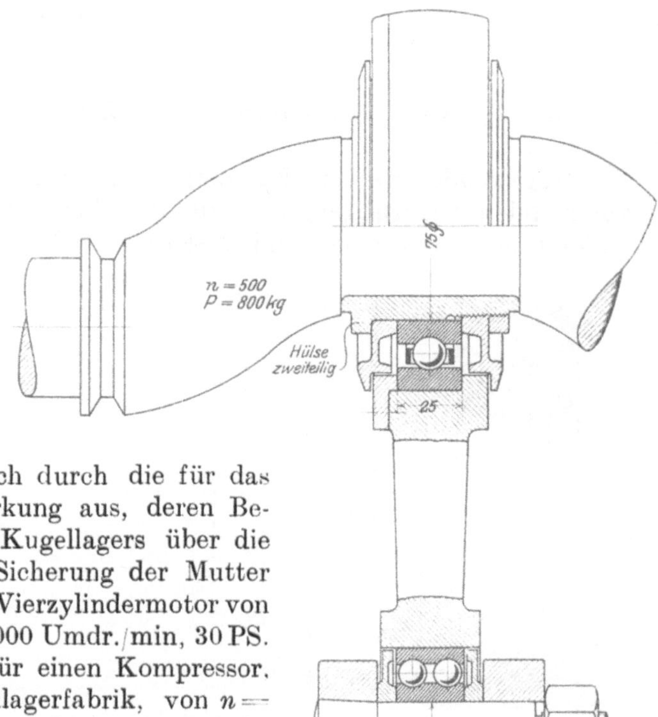

Fig. 111.

---

[1]) Z. Ver. deutsch. Ing. 1913, S. 375.
[2]) Der Innenring sitzt einesteils auf der zum Festspannen dienenden Mutter, andernteils auf dem Wellenbund. Durch Schmalhalten des Sitzes auf dem Bund wird das Einbringen eines Ringes von verhältnismäßig kleiner Bohrung ermöglicht.

völlig axial beweglich, zwecks Verhinderung von Verklemmungen. Um den Innenring des einrilligen Lagers über die Kurbel bringen zu können, ist eine zweiteilige Büchse vorgesehen. Es empfiehlt sich, möglichst unter den angegebenen spezifischen Flächenpressungen zu bleiben.

10. Kugellager im Automobilbau.

Das Kugellager ist mit dem Automobilbau so eng verwachsen, daß die Behandlung von Automobilkonstruktionen nicht möglich ist, ohne gleichzeitig die Anordnung der Kugellager zu behandeln. Aus diesem Grunde besteht bereits eine gute Literatur über die verschiedenen Kugellagereinbauten in Automobilen, die an Zahl außerordentlich groß sind. Diese Literatur macht es überflüssig,

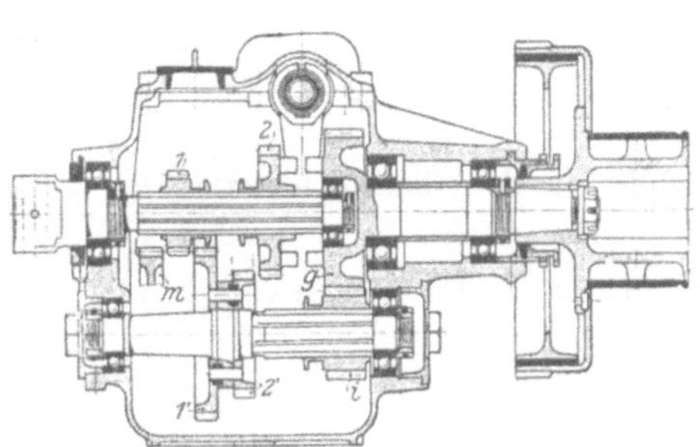

Fig. 112.   Wechselrädergetriebe.

Einbauzeichnungen von Kugellagern wiederzugeben, um so mehr, als dieselben wegen ihrer außerordentlichen Mannigfaltigkeit doch nicht erschöpfend behandelt werden können. Deswegen soll hier nur auf allgemeine Gesichtspunkte, sowie auf einige Konstruktionen von speziellem Interesse eingegangen werden. Im übrigen sei auf das umfangreiche Werk von Heller[1]) mit den in ihm enthaltenen etwa 50 Zeichnungen von Kugellagereinbauten verwiesen.

Angewendet werden Kugellager so ziemlich für alle im Automobilbau vorkommenden Lagerungen, d. h. für die Vorderradnaben, die Hinterradachsen, für Differential-, Ausgleich- und Wechselgetriebe, für die Motorsteuerwellen, für die

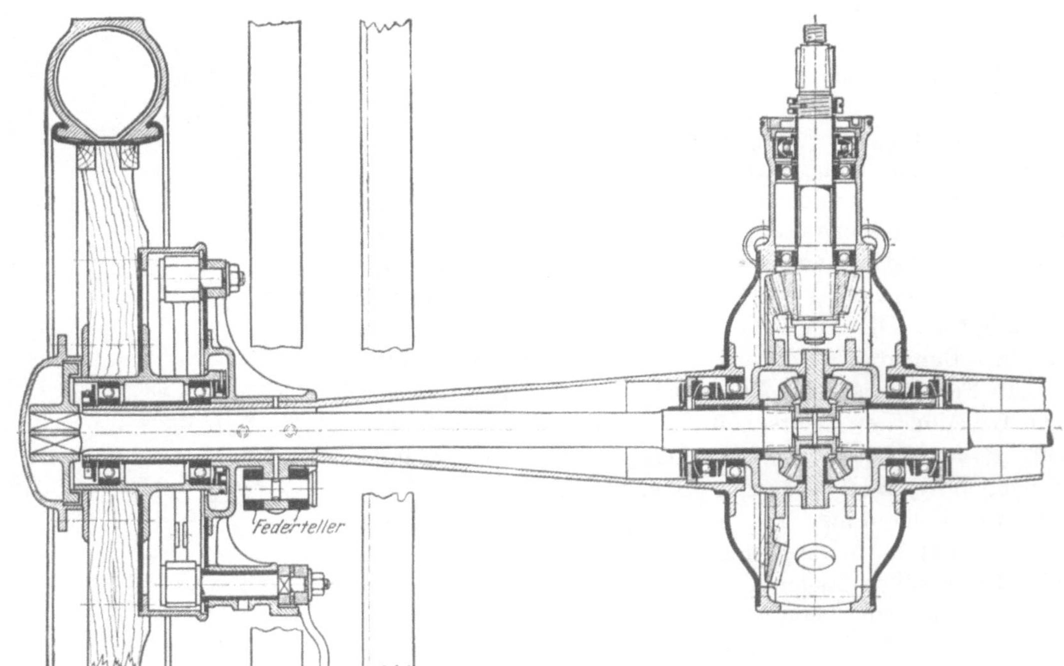

Fig. 113.   Differentialgetriebe mit Hinterradachslagerung.

---

[1]) Dr. techn. A. Heller, „Motorwagen und Fahrzeugmaschinen für flüssige Brennstoffe", Verlag Julius Springer, Berlin.

Fahrzeugsteuerwellen, die Kupplungen, für die Drehzapfen der Vorderradachsschenkel und schließlich von einigen Firmen auch für die Kurbelwellen. Von dem übrigen Zubehör sind Zündapparate und Ventilatoren Anwendungsgebiete der Kugellager. Außer den bekannten Vorzügen macht sich für die Getriebe und unter Umständen auch für die Kurbelwellenlagerung der Umstand sehr angenehm bemerkbar, daß die Baulänge sehr gering wird. Für die Getriebe spielt der Umstand eine wesentliche Rolle, daß eine feststellbare Abnutzung der Lager kaum eintritt, weswegen eine genaue zentrische Wellenführung gesichert ist. Der Abstand zwischen den Getriebewellen ändert sich also im Lauf der Zeit nicht. In manchen Automobilfabriken besteht die Gewohnheit, die Kugellager derjenigen Getriebe, die nur selten belastet werden, wesentlich (oft bis zu $100^0/_0$) zu überlasten. Eine geringe, nur kurze Zeit eintretende Überlastung, beispielsweise für den Rückwärtsgang mag zulässig sein. Eine wesentliche Überlastung soll jedoch unter allen Umständen vermieden werden. Derartige Überlastungen sind denn auch Gegenstand großer Prozesse zwischen den Kugellagerlieferanten und den Automobilfabriken gewesen. Durch Verwendung doppelrilliger Lager und durch Erhöhung der Kugelzahl bei Verzicht auf den Käfig wird es in der Regel möglich sein, genügend stark dimensionierte Lager unterbringen zu können.

Wenn das Einlaufen der Zahnradgetriebe mittelst Schmiergel geschieht, sind provisorische Kugellager zu verwenden, die nach erfolgtem Einlaufen gegen die endgültigen ausgewechselt werden müssen. Vor deren Einbau ist das Gehäuse sorgfältig mit Petroleum zu reinigen, damit nicht Schmiergelteile, die die Ursache von Zerstörungen sein würden, zurückbleiben.

An dieser Stelle sei lediglich je eine Einbauzeichnung der bekanntesten Wechselrädergetriebe und der Differentialgetriebe mit Hinterradachse wiedergegeben. (Fig. 112 und 113.)

Für die Drehzapfen der Vorderrad-Achsschenkel fertigen manche Firmen Lager mit verhältnismäßig großen Kugeln und kleinen Laufringdurchmessern als Spezialserie an.

Weitere Ausführungen siehe unter Kapitel Kurbelwellen, Achslager, Schneckengetriebe, Rollenlager.

11. Werkzeugmaschinen und Holzbearbeitungsmaschinen.

Neben den für Kugellager allgemein gültigen Gesichtspunkten spielt im Werkzeugmaschinenbau die Genauigkeit der Wellenführung eine wesentliche Rolle. Die geringen Breiten der Tragkugellager begünstigen die Wellendurchbiegungen und die kleinen Kugelauflageflächen die Durchfederungen der Wellen. Nach dem Grade, bis zu dem der gute Gang der Maschinen hierdurch beeinträchtigt wird, richtet sich die Anwendungsmöglichkeit der Kugellager. Selbstverständlich lassen sich auch bei Verwendung von Kugellagern durch entsprechend reichliche Dimensionierung der Wellen und Lager die Durchbiegungen und Federungen auf das Maß des Zulässigen einschränken, jedoch fragt es sich unter Umständen, ob der Vorzug der Kugellager nicht durch den Nachteil der größeren Abmessungen und höheren Preise aufgewogen wird. Es leuchtet z. B. ein, daß die Kugellager für Schruppdrehbänke größere Vorzüge besitzen, als für Bänke, auf denen sehr genaue Arbeit geliefert werden muß. Bei der Frage der Durchfederung ist zu berücksichtigen, daß Stützkugellager wegen der andersartigen Belastungsverhältnisse weniger als Tragkugellager durchfedern, daß für viele Anwendungsarten, die bei Stützlagern an sich schon kleinen Durchfederungen in axialer Richtung ohne Bedeutung sind, daß die Stützkugellager im Gegensatz zu den in hohem Maße dem Verschleiß unterworfenen Gleitdruckringen eine merkbare Abnutzung nicht erfahren, und daß sie sich schließlich durch geringen Platzbedarf, daher einfachen Einbau, sowie durch geringe Kosten auszeichnen. Sie sind daher auch im Werkzeugmaschinenbau verbreiteter als Tragkugellager. Die Stützdrucke von Fräsmaschinen- und Bohrmaschinenspindeln, Bohrmaschinenschwenkarmen, Verstellspindeln von Hobelmaschinenquerbalken u. a. werden mit Vorteil durch Stützkugellager aufgenommen.

Für die Lagerung von Arbeitsspindeln ist zu berücksichtigen, daß die Durchbiegung durch Verwendung von zwei in geringen Abständen angeordneten Laufringsystemen nach Art der Fig. 114 und Fig. 117 wesentlich eingeschränkt werden kann. Je nach den auftretenden absoluten Drücken und Tourenzahlen, sowie nach den Abstufungen der Geschwindigkeiten und Lagerdrücke ist die durch Kugellager erreichbare Verminderung des Kraftbedarfs und des Verschleisses mehr oder weniger bedeutend. Die in Fig. 115 dargestellte Bohrmaschinenspindel der New Century Works, Leicester wird beispielsweise, von diesem Grundsatz ausgehend, für Tourenzahlen von 290 bis 890 mit Gleitlagern und für Tourenzahlen von 510 bis 1560 mit Kugellagern ausgerüstet. Die erstere Maschine dient zum Bohren

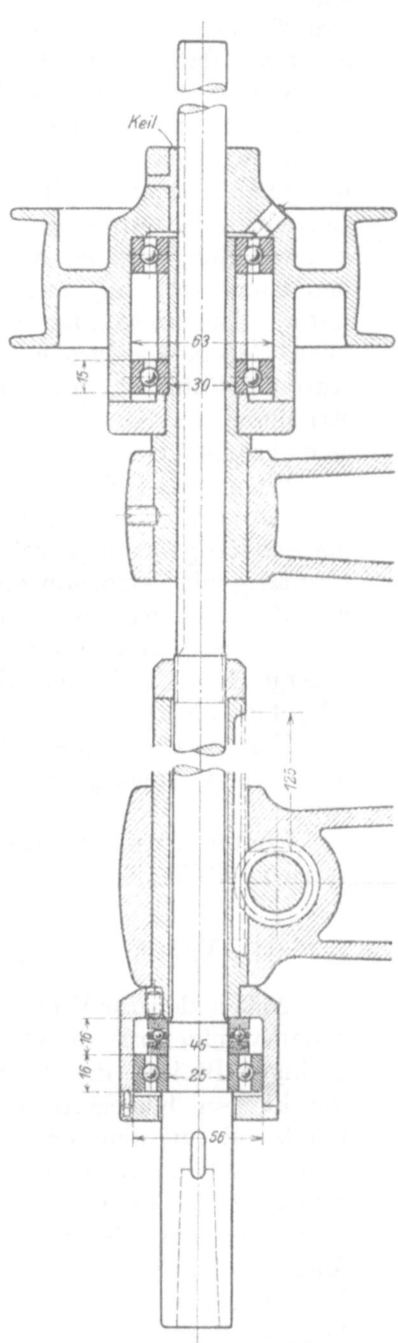

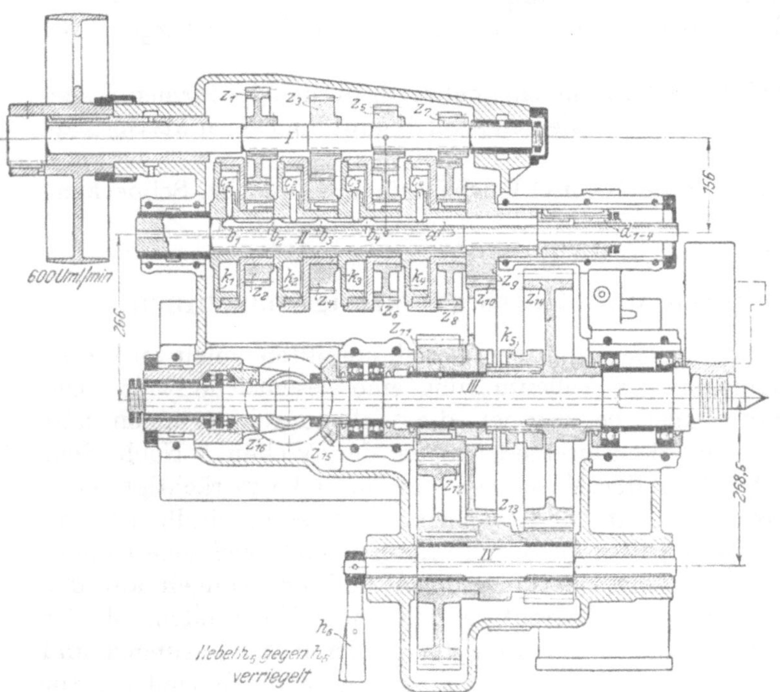

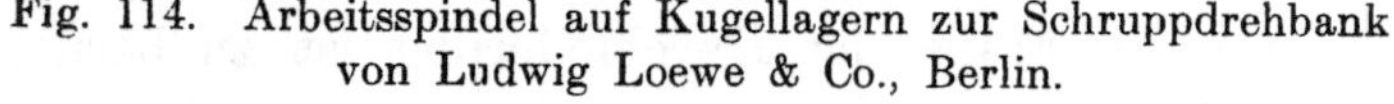

Fig. 114. Arbeitsspindel auf Kugellagern zur Schruppdrehbank
von Ludwig Loewe & Co., Berlin.

Fig. 115. Bohrmaschinen-
spindel der New Century
Works.

von Löchern bis zu $^{13}/_{16}''$, die letztere für Löcher bis zu $^{15}/_{16}''$. Zur Schmierung ist konsistentes Fett vorgeschrieben, das nur in größeren Abständen durch die auf der Zeichnung sichtbaren Füllöcher eingebracht zu werden braucht. Bei der

Bohrmaschine sind nicht nur die Stützdrucke, sondern auch die Radialdrucke durch Kugellager aufgenommen. Dabei ist die Wellenführung als ausreichend anzusehen, da bei der heute allgemein üblichen Verwendung von Spiralbohrern schon durch den Bohrer selber für Führung gesorgt wird.

Die in Fig. 114 dargestellte Arbeitsspindel einer Schruppdrehbank von Ludwig Loewe & Co., Berlin, läuft in acht Abstufungen mit 12,6 bis 240 Umdrehungen pro Minute bei einem höchsten Arbeitsbedarf von 12 PS (also etwa 8 PS am Drehstahl). Für eine dem höchsten Arbeitsbedarf entsprechend angenommene Schnittgeschwindigkeit von 20 m/min ergibt sich ein Schnittdruck von

$$P = \frac{8 \cdot 60 \cdot 75}{20} = 1800 \text{ kg},$$

der unter Umständen ganz durch die eine Spitze aufgenommen werden muß. Für die beiden neben der Spitze angeordneten Lager (Syst. 216) zusammen wird der Druck dann 2600 kg. Unter der nicht genau zutreffenden Annahme, daß sich der Druck gleichmäßig auf beide Systeme verteilt, wird jedes System mit 1300 kg belastet, was bei 20 Kugeln von 14,3 mm Durchmesser einer spezifischen Belastung von $k = 160$ (d in cm) entspricht. Die spezifische Flächenpressung der hinteren Lager (Syst. 212), die nur $^1/_3$ der vorgenannten Last, also 435 kg, pro System aufzunehmen haben, wird bei 20 Kugeln von 11,2 mm Durchmesser: $k = 88$ (d in cm). (Da sich die Last nicht, wie vorstehend angenommen, völlig gleichmäßig auf beide Laufringsysteme verteilt, vielmehr das äußere stärker belastet wird als das innere, dürfte die spezifische Flächenpressung beim Höchstdruck auf k 180 bis 200 ansteigen.)

Die Verwendung eines einfachen Stützlagers am äußeren Ende einer Drehbankspindel zeigt die Fig. 116.

Lagerungen von Reitstockspitzen, mit denen mancherlei Versuche gemacht sind, haben sich bisher nur in bescheidenem Maße durchzusetzen vermocht, da wegen der auftretenden großen Drucke und der ungünstigen Lastverteilung große Dimensionen erforderlich sind, wodurch leicht Durchbiegungen sowie Schwierigkeiten in bezug auf das Unterbringen der Lager entstehen. Zwecks Erreichung einer guten Konstruktion wird es nötig, die beiden Traglager weit auseinander zu ziehen.

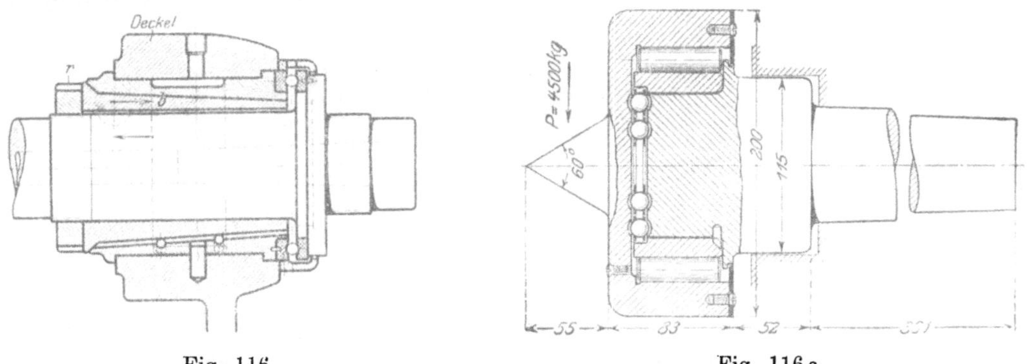

Fig. 116.   Fig. 116a.

Die D. W. F. liefern seit einiger Zeit normalisierte Reitstockspitzen, die auf je einem Tragrollen- und Stützkugellager ruhen. Die Spitze sitzt an dem als Lageraußenring dienenden Gehäuse.

Die aus Fig. 116a ersichtliche Anordnung hat den Vorzug geringer Abmessungen und geringer Durchbiegungen; insbesondere wird durch die Verwendung von Rollenlagern an Stelle von Kugellagern die Baulänge und der Durchmesser der Lagerung vermindert.

Eine dieser Spitzen wurde durch Herrn Prof. Schlesinger auf dem Versuchsfeld der Königl. techn. Hochschule Charlottenburg an einer Schruppdrehbank erprobt und zwar während eines 60 stündigen Betriebes bei Bearbeitung von S. M.-Stahl von 50 kg/mm², Grauguß von 15 kg/mm² und Chromnickelstahl von 100 kg/mm².

Es wurde mit Schnittgeschwindigkeiten von 25 bis 30 m/Min. bei Spanabmessungen von $2{,}5 \times 10$ mm (4×1 mm für Chromnickelstahl) und Spangewichten von 5 kg/Min. gearbeitet, wobei ein maximaler Schnittdruck von $\begin{cases} 4500 \text{ kg (vertikal)} \\ 1500 \text{ kg (horizontal)} \end{cases}$ auftrat. Die Reitstockspitze hat in dieser Zeit keine Störungen verursacht oder Beschädigungen erlitten.

Für die in Fig. 117 und Fig. 118 dargestellte Schleif- und Poliermaschine der Firma Mayer & Schmidt, Offenbach, sind ebenfalls, da es sich um eine schwere Ausführung handelt, pro Gehäuse zwei Traglager verwendet. (Die kleinen Schleifmaschinen dieser Firma werden mit einem System pro Gehäuse ausgeführt.) In dem einen Gehäuse sind die Laufringsysteme, wie in Fig. 117 angegeben, seitlich frei beweglich, in den andern, nicht gezeichneten, müssen sie seitlich fixiert werden. Der in der Zeichnung angegebene Stellring, der nur leicht gegen den Gehäusedeckel zu schieben ist, dient lediglich zur Erhöhung der Staubdichtung, der bei Schmiergelscheiben große Sorgfalt zugewendet werden muß. Da es schwierig ist, die Bohrung im Ständer so genau herzustellen, wie die Kugellager es bedingen, ruhen die Laufringsysteme nicht direkt im Ständer, sondern in einer Einsatzbüchse, die außen sowohl wie in der Bohrung ge-

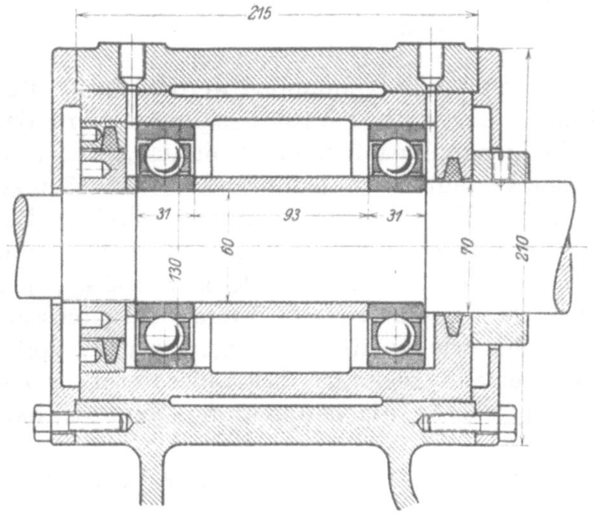

Fig. 117. Schleif- und Poliermaschine von Mayer & Schmidt, Offenbach a. M.

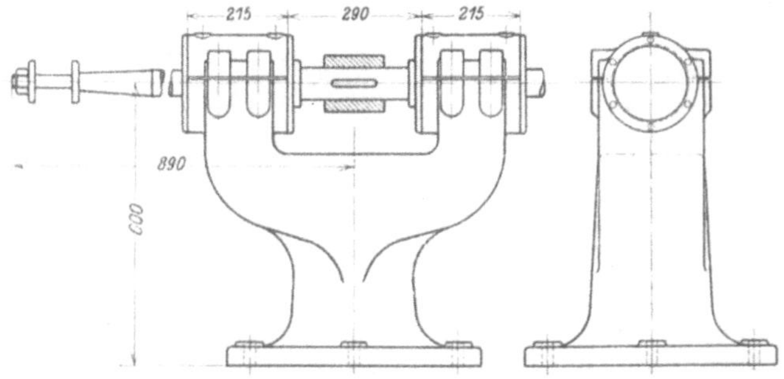

Fig. 118. Schleif- und Poliermaschine von Mayer & Schmidt, Offenbach a. M.

schliffen wird. Das hat außer dem Vorzug leichter Herstellung auch die Annehmlichkeit, daß poröse Stellen im Ständer ohne ungünstigen Einfluß auf die Kugellager bleiben. Die Schmierung geschieht mittelst Tropföler durch dünnflüssiges Öl.

Fig. 119 zeigt eine Schleifspindellagerung der deutschen Kugellagerfabrik. Bei einer Riemengeschwindigkeit von 25 m/sek macht die Spindel 10 000 Umdr./min. Zur Aufnahme des axialen Druckes dient ein sogenanntes „Vierpunktlager", das

ungefähr einem doppelten Konuslager entspricht, nur daß es mit den Stützkugellagern die kugelballigen Auflageflächen gemein hat. Beim Vierpunktlager
sollen sich die bei so hohen Tourenzahlen schon sehr beträchtlichen Einflüsse
der Fliehkraft weniger störend bemerkbar machen, als beim Stützkugellager[1].

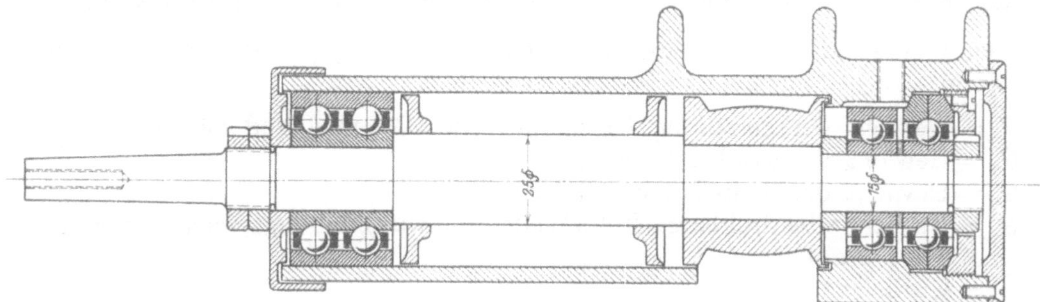

Fig. 119. Schleifspindellagerung der D. K. F.

Die in Fig. 120 dargestellte Stützkugellageranordnung zeigt eine senkrechte
Spindelwelle zur Führung eines Querbalkens einer Hobelmaschine von Wagner &
Co., Dortmund. Die Welle hat einen maximalen Druck von 18000 kg aufzu-
nehmen, bei einer Tourenzahl von 20/min. Das Stützkugellager von 13 Kugeln, 40 mm
Durchmesser, erfährt eine spezifische Kugelpressung von $k = 85$ (d in cm).

Im Holzbearbeitungsmaschinenbau stellen Bandsägen und Sägegatter die Gruppe
mit relativ niedrigen Tourenzahlen ($n =$ ca.
300), bei denen gleichzeitig geringe Wellendurchbiegungen oder Vibrationen von untergeordneter Bedeutung sind, dar, während
die mit hohen Tourenzahlen ($n =$ ca. 4000)
laufenden Hobel-, Abricht- und Fräsmaschi-
nen eine zweite Gruppe bilden, bei der die
Forderung ruhigen Wellenlaufes in den Vordergrund tritt. Für die schnellaufenden Maschinen empfiehlt es sich, entweder zwei
Traglager pro Gehäuse zu verwenden oder
die Wellen entsprechend stärker als bei Verwendung von Gleitlagern zu dimensionieren.
Bei den niedrigen Tourenzahlen der erstge-
nannten Gruppe sind die Unterschiede der
Reibungskoeffizienten von Gleit- und Kugellagern wesentlich größer als bei den
hohen Tourenzahlen der zweiten Gruppe.
Auch wegen der verhältnismäßig hohen
Drucke (und beim Sägegatter auch wegen
des dauernden Druckwechsels) kommen

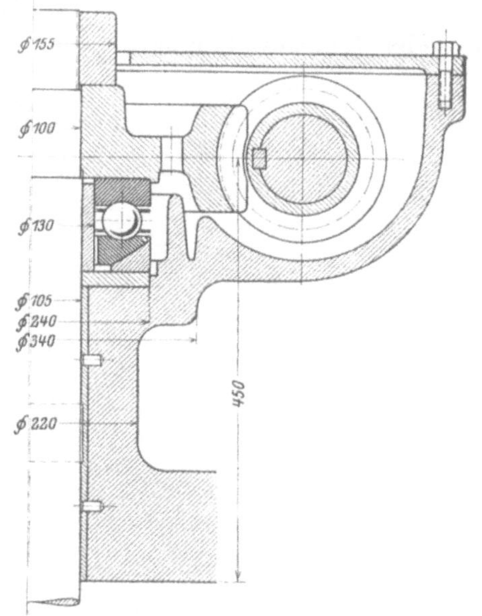

Fig. 120. Schneckengetriebe zum Verstellen
des Querbalkens einer Hobelmaschine von
Wagner & Co., Dortmund.

die Vorteile des Kugellagers, soweit sie den geringen Energiebedarf betreffen,
besonders zur Geltung. Die Kreissägen stehen zwischen beiden Gruppen. Die
Gehäusekonstruktion ergibt sich unter Berücksichtigung der Eigentümlichkeiten
der Maschinenkonstruktion aus den allgemeinen Angaben der vorhergehenden Ab-
schnitte. Die Gehäuse sind sehr zuverlässig (durch Ölrille und eventuell gleich-

---

[1] Über Schleifmaschinen siehe auch: Some features of modern grinding machines, by Tho-
mas R. Shaw. Cassiers Magazine. II. April 1913.

zeitig durch Lederstulp) gegen Staub abzudichten. Schmierung möglichst durch Ölbad. Bei Sägegattern ist dem dauernden Druckwechsel durch die Wahl möglichst niedriger Kugelbelastungskoeffizienten Rechnung zu tragen, da die Laufringsysteme sonst nach verhältnismäßig kurzer Zeit ausgelaufen sind. Sofern man von der Endlichkeit der Pleuelstange absieht (was bei dem großen Unterschied zwischen Kurbelradius und Lenkerstangenlänge $\left[\dfrac{r}{1} = \text{ca.} \ \dfrac{1}{12}\right]$ zulässig ist) ergeben sich, wenn:

$G_1 =$ Gewicht der geradlinig bewegten Teile (Rahmen und Sägen),
$G_2 =$ Gewicht der Lenkerstangen,
$G_3 =$ Gewicht der ausbalancierten Teile,
$G_4 =$ Gewicht aller drehbaren Teile (Wellen, Schwungräder, Riemenscheiben usw.),
$n =$ Tourenzahl,
$r =$ Kurbelradius,

folgende Höchstbelastungen aus Eigengewicht und Beschleunigungsdrücken beim Hubwechsel:

Für jedes der beiden oberen Lenkerstangenlager:

$$P_1 = \frac{1}{2}\,G_1 \cdot \left(1 + \frac{r \cdot n^2}{900}\right).$$

Für jedes der beiden unteren Lenkerstangenlager:

$$P_2 = \frac{1}{2}(G_1 + G_2)\left(1 + \frac{r \cdot n^2}{900}\right).$$

Für jedes Kurbelwellenlager:

$$P_3 = \frac{1}{2}\left[G_4 + (G_1 + G_2 - G_3)\left(1 + \frac{r \cdot n^2}{900}\right)\right].$$

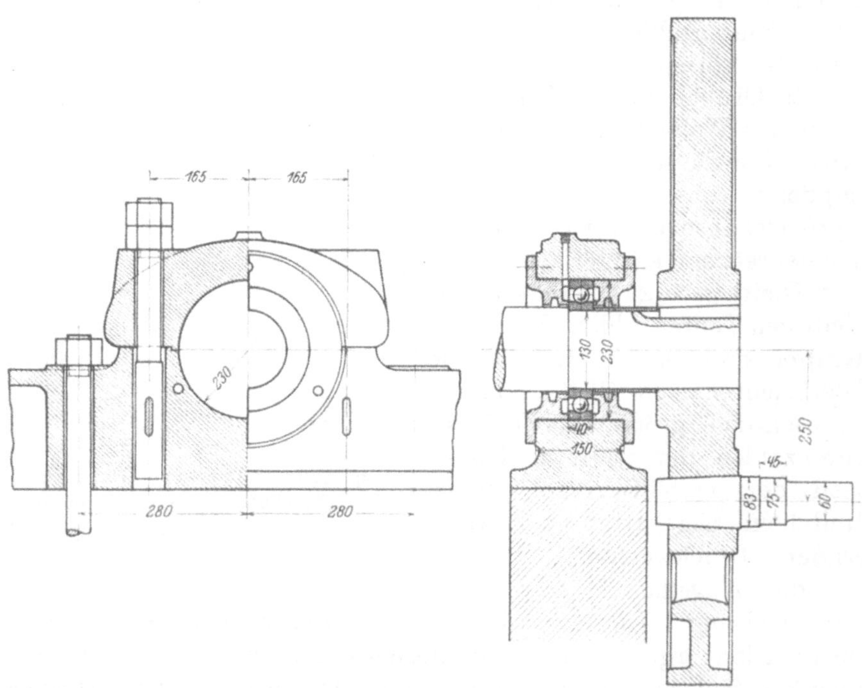

Fig. 121. Kurbelwellenlager zum Sägegatter von Georg Landes, München.

Dabei ist vorausgesetzt, daß G_3 höchstens so hoch gewählt wird, daß die horizontalen Drücke auf die Kurbel nicht größer werden als der senkrecht nach unten gerichtete Druck. (Das wird in der Regel bei $G_3 =$ ca. $0,4\,[G_1 + G_2]$ eintreten.)

Wegen des stoßweisen Betriebes ist die Verwendung einreihiger Lager mit großen Kugeln der Verwendung zweireihiger Lager mit kleinen Kugeln vorzuziehen.

Bei Tourenzahlen von 200 bis 300 und Lagerdrücken von 2000 bis 4000 kg empfiehlt sich $k = 120$ bis 140 für die Kurbelwellenlager und $k = 130$ bis 150 für die Lenkerstangenlager anzunehmen, wobei die höchstzulässige Tourenzahl in die Rechnung einzusetzen ist, so daß die spezifische Flächenpressung in der Regel noch unter diesen Werten bleibt.

Für das in Fig. 121 dargestellte Lager ergibt sich für:

$$G_1 + G_2 = \ \ldots \ldots \quad 600 \text{ kg}$$
$$G_3 = 0,35\,(G_1 + G_2) = \ 210 \text{ kg}$$
$$G_4 = \ \ldots \ldots \quad 1100 \text{ kg}$$
$$n = \ \ldots \ldots \quad 210$$
$$r = \ \ldots \ldots \quad 0,25 \text{ m}$$

Druck im Kurbelwellenlager:

$$P_3 = 3100 \text{ kg}$$

und für das untere Lenkerstangenlager

$$P_2 = 4000 \text{ kg}.$$

Das Kurbelwellenlager (System 226) hat 19 Kugeln von 25,4 mm Durchmesser; somit wird $k = 126$ (d in cm). Im unteren Lenkerstangenlager (System 415) sind 11 Kugeln von 33,3 mm Durchmesser, so daß $k = 165$ (d in cm) beträgt.

Die Lenkerstangenlager sind demnach sehr hoch belastet.

Der Innenring des Kurbelwellen-

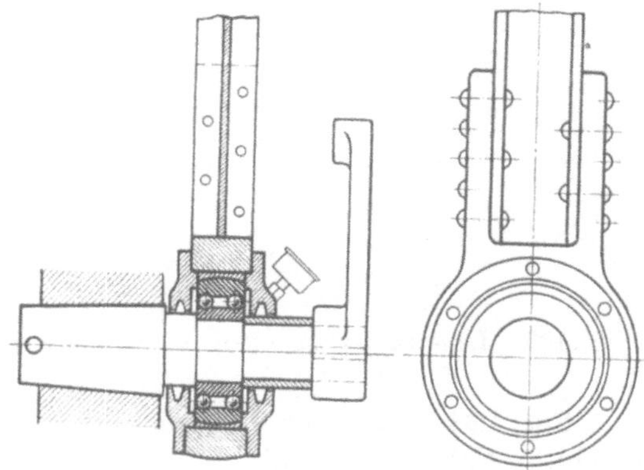

Fig. 122. Unteres Lenkstangenlager zum Säge-gatter von Georg Landes, München.

lagers ist seitlich durch das Gehäuse geführt, so daß etwa auftretende seitliche Drucke nicht auf die Kugeln übertragen werden.

In Fig. 122 ist eine Lenkerstange mit doppelrilligem Laufringsystem abgebildet.

12. Kugelschlitten.

Für Werkzeugmaschinen-Supporte, sowie für andere hin- und herbewegte Schlitten, finden zwecks Erreichung leichter Beweglichkeit, Kugeln oder Rollen in ähnlicher Weise, wie im Kugellager, Anwendung, nur daß an die Stelle der sich auf einer Kreisbahn vollziehenden Bewegung eine geradlinige Hin- und Herbewegung tritt. Die gleichmäßige Distanz der einzelnen Kugeln wird in der Regel durch Käfige gesichert. Je nachdem wie wichtig eine genaue Führung ist, wird die übliche Laufrille vom Kreisquerschnitt oder eine keilartige Rille vorzuziehen sein.

Damit die Kugeln nicht völlig aus ihren Schlittenbahnen treten können, müssen Anschläge vorgesehen sein, die die Bewegung der Kugelreihe begrenzen, oder die Kugellaufrillen müssen noch vor dem Schlittenende aufhören, so daß die Kugeln in ihrer Bewegung gehindert werden.

13. Elektromotoren, Dynamomaschinen, Ventilatoren.

Kugellager kommen vorwiegend für kleinere Einheiten zur Anwendung, für welche sie gegenüber gewöhnlichen Gleitlagern den Vorzug erheblicher Energie-Ersparnis (ca. 10 bis 15 % bei Motoren von ca. 10 PS) und gegenüber Preßschmierlagern den Vorzug der Einfachheit und Billigkeit haben.

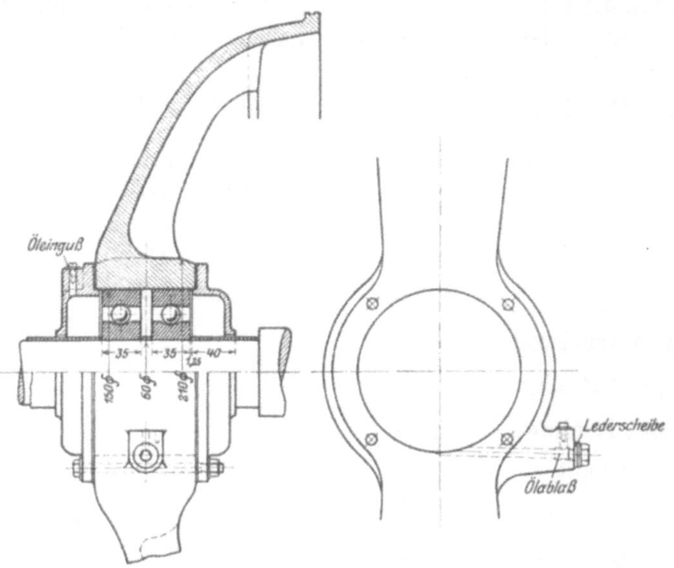

Fig. 123. Lagerschild zu einem Elektromotor der Elektrotechnischen Fabrik Schorch, Rheydt.

Fig. 123 stellt das Lagerschild eines ca. 10 PS Elektromotors von der Elektrotechn. Fabrik Schorch, Rheydt, dar.

Bei der in Fig. 124 dargestellten Kugellagerung eines Trambahnmotors von Schmid-Roost, Örlikon, ist die sorgfältige Staubdichtung zu beachten. Besonders an der Zahnradseite ist die Gefahr groß, daß die für das Triebwerk benutzten, mit Staub und sonstigen Verunreinigungen durchsetzten Schmiermittel in die Lagergehäuse dringen. Durch die Anordnung eines Schleuderringes, sowie einer vor den Lagern angebrachten Schutzkammer wird die Staubgefahr sehr stark eingeschränkt. An der Triebwerkseite ist mit Rücksicht auf die nicht unbeträchtlichen Stöße ein sehr starkes, doppelrilliges Kugellager (26 Kugeln von 29 mm Durchmesser) vorgesehen. Bei einem gleich der fünffachen Umfangskraft des Zahnrades angenommenen Zahndruck von 3350 kg und einem daraus resultierenden Lagerdruck von

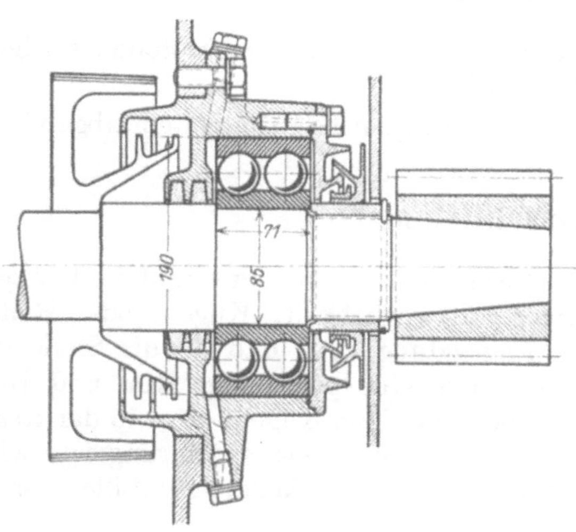

Fig. 124. Kugellagerung zum Trambahnmotor. Konstruktion der Firma Schmid-Roost, Örlikon.

4300 kg wird die spezifische Flächenpressung $k = 100$ (d in cm). Die abgebildete Lagerung hat sich in einer großen Anzahl Ausführungen im Betrieb gut bewährt.

Für Magnet-Zündapparate kommen in erster Linie aus den auf S. 45 erwähnten Gründen, die sog. Magnetlager der Norma-Compagnie zur Anwendung. Die Lager müssen auch in axialer Richtung gut eingepaßt werden, weil axiale Bewegung mit Geräuschen verbunden ist. Die Verkürzung der Baulänge, welche durch die Kugellager möglich ist, fällt bei den Magnetapparaten als sehr vorteilhaft ins Gewicht.

Der in Fig. 124a dargestellte Exhaustor von 3 PS, 1200 Umdrehungen, 30 kg Riemenzug, ist mit je einem Lager 107 und 208 ausgerüstet, die bei Zugrundelegung des fünffachen Riemenzuges mit $k =$ ca. 25 (d in cm) belastet sind. Der geringe Axialdruck wird durch ein Stützkugellager 1008 aufgenommen.

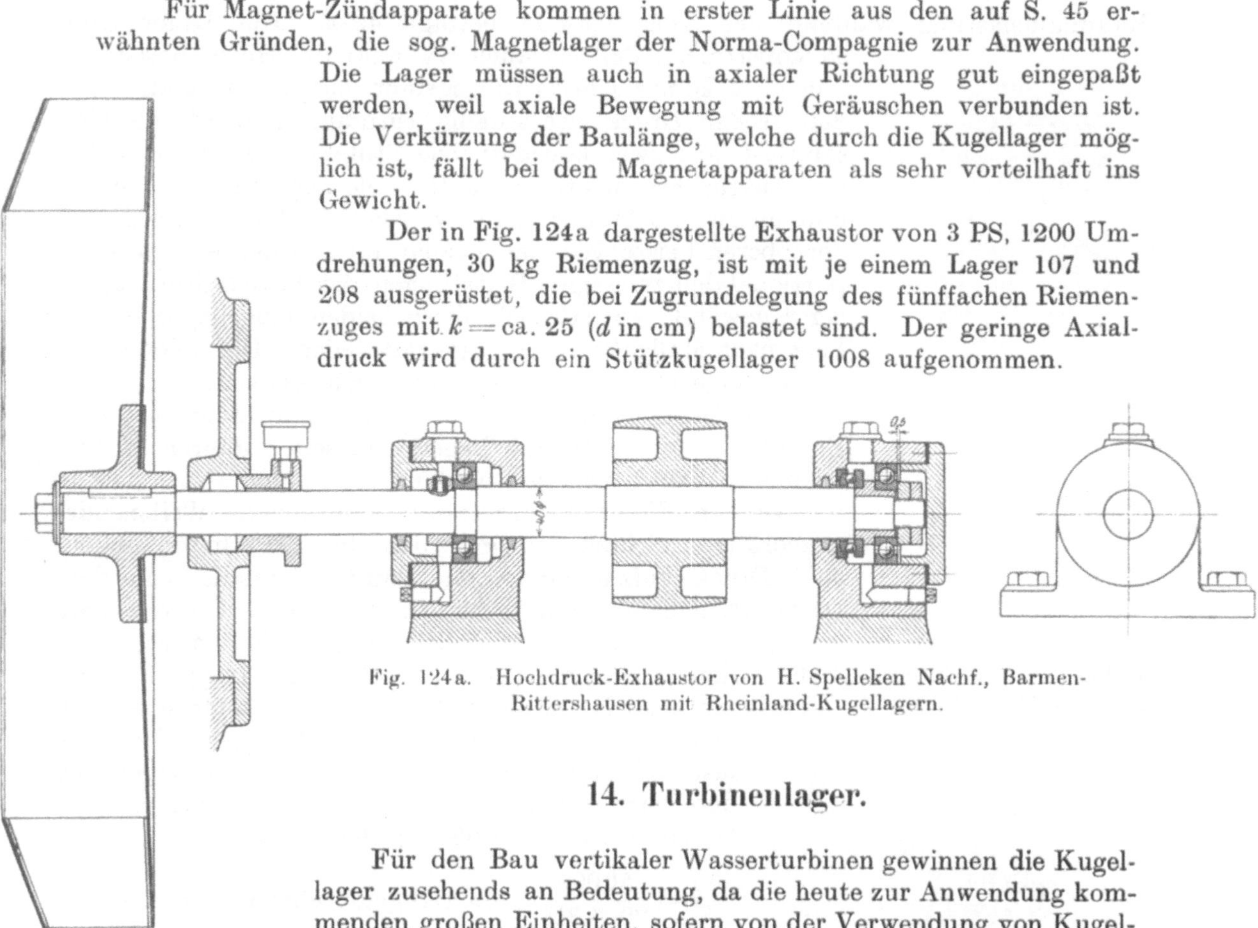

Fig. 124a. Hochdruck-Exhaustor von H. Spelleken Nachf., Barmen-Rittershausen mit Rheinland-Kugellagern.

14. Turbinenlager.

Für den Bau vertikaler Wasserturbinen gewinnen die Kugellager zusehends an Bedeutung, da die heute zur Anwendung kommenden großen Einheiten, sofern von der Verwendung von Kugellagern abgesehen wird, komplizierte und sorgfältige Wartung erfordernde Preßschmierlager bedingen. Da die Turbinenlager gerade beim Anlaufen besonders hoch belastet werden, macht sich der Umstand angenehm bemerkbar, daß der Reibungskoeffizient der Ruhe der gleiche als derjenige der Bewegung ist. Schließlich kommt als Vorteil hinzu, daß die Stützkugellager vorübergehend, während der Anlaufperiode, ohne Nachteil wesentlich höher als im Dauerbetrieb belastet werden können, weswegen sie ungefähr nach den im Betrieb bei hydraulisch teilweise entlasteter Welle auftretenden Drucken dimensioniert werden können, Es sind jedoch Fälle bekannt geworden, in denen einmalige Überlastungen großer Turbinenkugellager durch den elektrischen Generator hervorgerufen wurden, die sich durch bleibende Eindrückungen der Kugeln äußerten. Diese bleibenden Eindrückungen gefährdeten nun ihrerseits durch unregelmäßigen Lauf das ganze Lager. Für die bei großen Turbinenlagern vorherrschenden Tourenzahlen (100 bis 200) ist auch die Tragfähigkeit der Stützlager verhältnismäßig hoch, so daß sich auch die Preise günstig stellen. Aus all diesen Gründen gehen die Turbinenfabriken mehr und mehr daran, Kugellager zu erproben bzw. in der laufenden Fabrikation zu verwenden.

Das in Fig. 125 dargestellte Kugellager dürfte von den bisher vorliegenden Ausführungen das lehrreichste Beispiel geben, da es sowohl hohen Belastungen, wie verhältnismäßig hohen Tourenzahlen zu genügen hat. Das Lager ist von den Deutschen Waffen- und Munitionsfabriken für die Firma Rieter & Co., Winterthur, in zwei Exemplaren ausgeführt und in die großen Vertikalturbinen der Elektrizitätswerke Freiburg (Schweiz) eingebaut. Die nur wenige Minuten auftretende Maximalbelastung während der Anlaufperiode beträgt 40 t. Die Lager sind

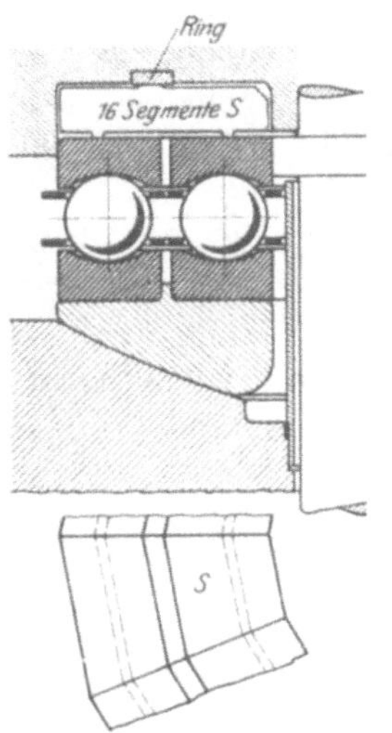

so konstruiert, daß sie auch während der Höchstbelastung von 40 t keiner Überlastungsgefahr ausgesetzt sind. Um den großen Druck zweckmäßig abzufangen, wurde die Gesamtlast auf zwei konzentrische Stützkugellager mit Hilfe von Ausgleichsegmenten verteilt. Die Segmente sind oben und unten mit Auflageleisten versehen. Die Entfernungen der oberen Leiste von den beiden unteren Leisten sind proportional den zulässigen Belastungen der beiden Stützkugellager gewählt, so daß sich diese beiden Kugellager in die Last nach Maßgabe ihrer Tragkraft teilen. Die beiden unteren Ringe stützen sich auf einen Kugelballen.

Die Lagergehäuse sind aus Stahlguß, die Segmente aus Flußstahl angefertigt, die Lager sind seit 3 Jahren in Betrieb und haben sich gut bewährt.

Das in Fig. 126 dargestellte, am oberen Wellenende angeordnete Stützkugellager, das bei 33 Umdrehungen 50 t Druck aufzunehmen hat, wurde ebenfalls von den D. W. F. geliefert, und zwar an die Firma Theodor Bell & Co., Kriens-Luzern. Die Belastung ist im vorliegenden

Fig. 125.

Falle keine vorübergehende, sondern eine dauernde. Auch dieses Lager ist seit zwei Jahren in Tag- und Nachtbetrieb, ohne daß bisher Veränderungen an den Lagern konstatiert werden konnten. Der Belastungskoeffizient k für das Stützkugellager, in dem sich 20 Kugeln von 63,5 mm unterbringen lassen, wird bei 50000 kg Belastung

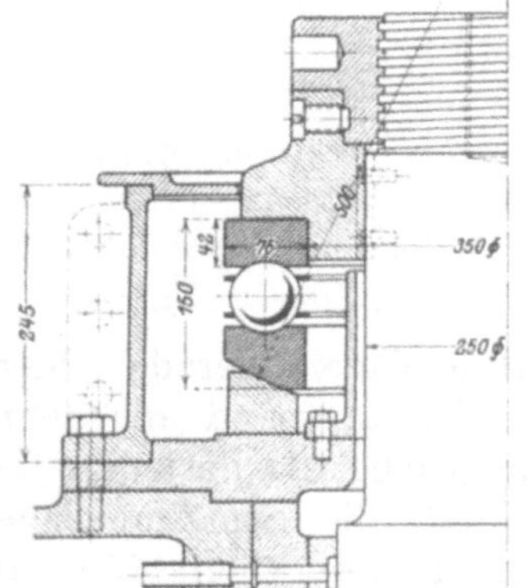

$$k = \frac{50000}{20 \cdot 6,35^2} = 62 \text{ (Kugeldurchmesser in cm)}.$$

Die radialen Drücke werden durch gesonderte Gleitlager aufgenommen, welche auch ihre gesonderte Schmierung haben. Der ballige Unterlagring ist in radialer Richtung nicht fixiert, wodurch die Gefahr von Lagerverklemmungen vermindert wird. Ein zweiteiliger zylindrischer Aufsatz bildet die äußere Gehäuseverkleidung. Ein ähnlicher innerer Zylindereinsatz ist angeordnet, um das Stützlager in einem Ölbad laufen lassen zu können. Die Zweiteiligkeit des äußeren Mantels erleichtert Montage und Demontage. Ein Ölstandsrohr für die Nachfüllung des Öles ist gleichzeitig als Kücken des Öl-

Fig. 126. Turbinenlager von Th. Bell & Co., Kriens (Schweiz), von 50000 kg Belastung, 33 Umdreh. Stützkugellager D. W. F.

abflußhahnes ausgebildet. Der Hahn dient dazu, das Schmiermaterial in gewissen Abständen erneuern zu können. Die übrigen Einzelheiten bedürfen keiner Beschreibung. Bei einer ähnlichen Turbinenwellenlagerung von Brigleb, Hansen & Co., Gotha, haben 17 Kugeln von 32 mm Durchmesser bei $n = 175$ eine Belastung von 9000 kg aufzunehmen, somit ist $k = 52$.

15. Drucklager für Schiffswellen.

Für die Drucklager von Schiffswellen liegen ähnliche Betriebsverhältnisse vor, wie für die Turbinenstützlager. (Bezüglich der auftretenden Tourenzahlen und Belastungen, sowie des Druckwechsels zwischen 0 und einem Höchstwert gleichen sich beide Anwendungsgebiete.) Wegen der nicht unbeträchtlichen Energieersparnis, des geringen Schmiermittelverbrauchs, der kleinen Gewichte, des geringen Platzbedarfs und der einfachen Wartung, besitzen Kugellager gegenüber Kammlagern wesentliche Vorzüge. Wenn sie sich trotzdem nur in bescheidenem Maße durchzusetzen vermochten, so ist die im Schiffbau übliche Forderung nach absoluter Betriebssicherheit und mehr noch die Forderung, daß etwaige im Lager auftretende Zerstörungen möglichst unbedeutende Betriebsstörungen mit sich bringen dürfen, hierfür die Ursache. Doch werden seit neuerer Zeit kleinere Kriegsfahrzeuge, insbesondere Unterseeboote mit Kugellagern ausgerüstet. In welchem Umfange, ist schwer festzustellen, da die Erbauer in der Regel verpflichtet sind, Stillschweigen über die ausgeführten Konstruktionen zu bewahren. In bezug auf das Beheben von Betriebsstörungen ist zu bemerken, daß die Kugellager sich verhältnismäßig schwer von der Welle entfernen lassen. Während die einzelnen Backen der Kammlager auch während des Betriebes herausgenommen werden können, ist das völlige Auswechseln von Kugellagern stets mit der umständlichen Demontage der Wellen verbunden. Plötzliche Betriebsstörungen können eigentlich nur auf Grund von sehr unglücklich verlaufenden Kugelbrüchen, bei denen Teile der Kugel zwischen die Laufbahn gelangen und so zu einer plötzlichen gewaltsamen Zerstörung führen, auftreten. Für dieses Anwendungsgebiet ist es daher unerläßlich, daß

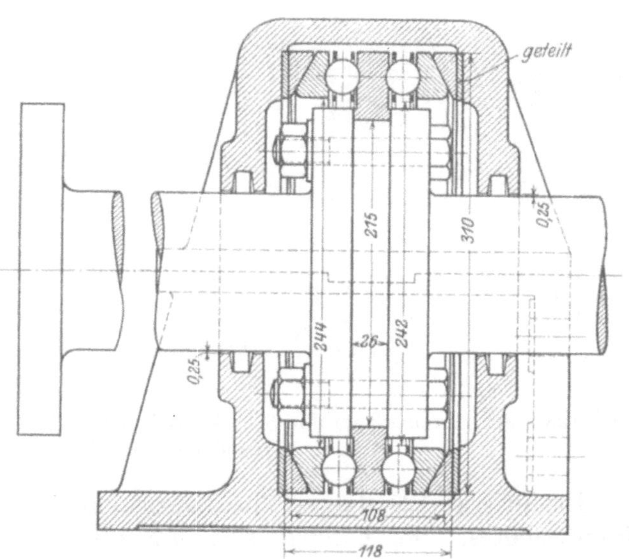

Fig. 127. Schiffswellenlagerung. Konstruktion D. W. F.

das ganze Lager, sowohl wie die einzelnen Kugeln vor der Verwendung genau geprüft werden und möglichst auch einige Zeit unter einer höheren Last als der Betriebslast laufen. Im übrigen läßt sich durch sorgfältige Überwachung erreichen, daß plötzliche Betriebsstörungen nicht auftreten. Durch Einführung geeigneter Beobachtungsvorrichtungen, Schaulöcher oder Tasthebel, die gegen die Seitenflächen der Ringe gelegt werden und die Größe der Vibration des Lagers anzeigen, läßt sich im übrigen die Zuverlässigkeit der Überwachung noch wesentlich erhöhen. Die Auswechselbarkeit einzelner Teile wird bei der in Fig. 127 dargestellten Konstruktion dadurch erreicht, daß die beiden stillstehenden Ringe nach Abheben des Deckels axial so weit auseinander geschoben werden können, daß sich die zweiteiligen Käfige herausheben lassen. Das Auseinanderschieben der stillstehenden Ringe wird nach Herausnahme der zweiteiligen Unterlagringe möglich. Das Auswechseln der Kugeln und Käfige ist demnach ohne Auseinanderschrauben der Welle möglich. Für das Auswechseln der Ringe ist das Herausnehmen der Kupplungsscheiben, jedoch nicht das Verschieben der Schraubenwelle, erforderlich.

Nach dem Herausziehen der Schrauben kann der mittlere Lagerring mit der 26 mm breiten Zwischenscheibe gemeinsam herausgezogen werden ohne eine axiale Verschiebung der Welle. Auch die äußeren Ringe können durch den zwischen den Kupplungsflanschen verbleibenden Raum gebracht werden. Durch Verwendung von nach der Peripherie hin offenen Käfiglöchern, wie solche in ähnlicher Weise in Fig. 85 gezeigt sind, läßt sich auch das Herausnehmen einzelner Kugeln erreichen. Schließlich ist es möglich, statt der einen üblichen Laufrille zwei konzentrische einzuarbeiten, derart, daß normalerweise nur diejenige von größerem Durchmesser benutzt wird. Sofern ein ernster Defekt zur Zerstörung dieser Laufrille führen sollte, wird die zweite Laufrille von kleinerem Radius unter Zuhilfenahme eines mitgeführten Reservekäfigs benutzt. Durch entsprechende Gestaltung der Käfig- und Ringabmessungen ist zu erreichen, daß bei etwaigen Kugelbrüchen die Kugelteile nach außen herausfallen und daher nicht in die innere Laufrille gelangen können.

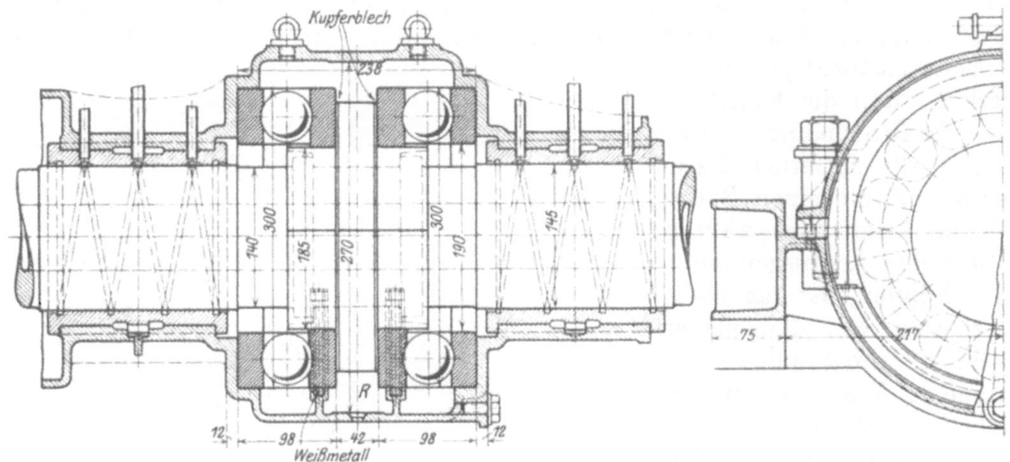

Fig. 128. Schiffswellenlager für 3000 kg Achsdruck, 550 Umdr./Min. der Firma A. Zeise, Altona. Kugellager von Fichtel & Sachs.

Die in Fig. 128 dargestellte Lageranordnung gehört zur Schraubenwelle eines Unterseebotes. Es handelt sich um die Welle einer von der Firma A. Zeise, Altona, ausgeführten umsteuerbaren Schiffsschraube. Für die Anordnung sind zwei doppeltwirkende Stützkugellager erforderlich, die bei normaler Belastung mit 3000 kg Druck beansprucht werden und 550 Umdr./min machen (Maschinenleistung 600 PS). Die Angaben über die Gesamtanordnung sind in der Z. Ver. deutsch. Ing. veröffentlicht[1]). Für die Verwendung von Kugellagern war im vorliegenden Falle der Umstand ausschlaggebend, daß Kammlager die zulässige Grenze der Baulänge, des Gewichtes und der Wärmeentwicklung weit überschritten haben würden.

Lediglich die Stützdrucke werden durch Kugellager aufgenommen, während die Tragdrucke durch die zu beiden Seiten des Stützlagers liegenden Gleitlager abgefangen werden. Im vorliegenden Falle sind Stützkugellagerringe mit ebenen Auflagen verwendet. Um eine gleichmäßige Lagerbelastung zu erreichen, sind zwischen die Kugellagerringe und den Lagerkörper dünne Kupferscheiben gelegt, die so eingepaßt werden, daß das Lager an allen Stellen gleichmäßig trägt. Im übrigen gestatten die dünnwandigen, aus Mammutbronze gefertigten Gehäuse ein gleichmäßiges Durchfedern. Die Anordnung erfordert sehr sorgfältige Herstellung, um

---

[1]) W. Helling, „Umsteuerschrauben für große Leistungen", Z. Ver. deutsch. Ing. 1912, Seite 1485.

ungleichmäßige Belastung zu vermeiden. Das Lager wurde entsprechend den Abnahmebedingungen vor Inbetriebnahme einem 24 stündigem Dauerversuch, bei einem Axialdruck von 8000 kg, unterzogen. Bei 3000 kg Betriebsbelastung wird die spezifische Flächenpressung bei 16 Kugeln von 40 mm Durchmesser $k = 12$ (d in cm). Sie bleibt also sehr niedrig, so daß die wegen des Fehlens einer kugeligen Ringauflage mögliche ungleichförmige Belastung der einzelnen Kugeln nicht zur Überlastung zu führen braucht. Trotzdem empfiehlt es sich, für derartige Lager Kugelballen zu verwenden, da diese in wesentlich höherem Maße eine gleichmäßige Lastverteilung gewährleisten.

Die Schmierung geschieht durch Ölbad.

16. Walzenstühle für Getreidemühlen.

Ebenso wie bei Sägegattern spielt auch bei Walzenstühlen das Auftreten plötzlicher Stöße eine wesentliche Rolle. Nimmt man pro 1 m Walzenlänge als Belastung

für Walzendurchmesser von 220 mm . . . . 2000 kg
    ,,   300 mm Durchmesser . . . . 2400 ,,
und   ,,   350 mm Durchmesser . . . . 3200 ,,

an, so darf k mit 120 bis 150 eingesetzt werden. Dabei ist zu berücksichtigen, daß möglichst große Kugeln für die Aufnahme der Stöße erforderlich sind, also Systeme der Serie 400, daß ferner erfahrungsgemäß die Innenringe mit sehr starkem Preßsitz aufzutreiben sind, da sich sonst der Innenring in die Welle einschneidet.

Bei Verwendung von Winkelzahnrädern ist nur die eine Welle durch Fixieren des einen Laufringes gegen seitliches Verschieben zu sichern, während auf den übrigen Wellen alle Laufringe seitlich frei beweglich sein müssen, damit die Winkelzähne bei ungenauem Arbeiten keine Axialdrücke ausüben. Es ist zweckmäßig, das seitlich fixierte Lager etwas größer zu wählen als die übrigen.

Der Umstand, daß die Drücke und die sonst zu berücksichtigenden Verhältnisse (Staubgefahr, die Forderung, daß Tag- und Nachtbetrieb eingehalten und Betriebsstörungen unbedingt vermieden werden müssen) vielfach ganz bedeutend unterschätzt werden, hat zu sehr unangenehmen Erfahrungen geführt. Die Verwendung von Kugellagern kann daher nur unter der Voraussetzung empfohlen werden, daß die Systeme sehr reichlich bemessen, mit vorzüglicher Staubdichtung ausgerüstet und in gewissen Zeiträumen (etwa alle $^1/_2$ Jahre) einer Kontrolle durch Ausbauen unterzogen werden. Unter dieser Voraussetzung ist die Verwendung von Kugellagern jedoch zu empfehlen, da sie eine sehr wesentliche Kraftersparnis (etwa 10 bis 15 Proz.) mit sich bringt.

17. Lager für Kreisel.

Da die Antriebsenergie fast ausschließlich zur Überwindung von Lagerreibung benutzt wird, spielt bei Kreiseln die Verminderung der Lagerreibung eine wesentliche Rolle. Der Umstand, daß während der langen Anlaufperioden die Tourenzahlen stets wechseln, begünstigt die Verwendung von Kugellagern, da die Gleitlagerreibungskoeffizienten außerordentlich durch die Tourenzahl beeinflußt werden.

Die Frage ob Kugellager genügend Betriebssicherheit bieten, wird in den Fällen vereinfacht, in denen der Kreisel nur mit größeren Unterbrechungen läuft, so daß hinreichend Gelegenheit für die Revision der Lager vorhanden ist. Vielfach spielt die Betriebssicherheit gegenüber anderen Verwendungsgebieten des Kugellagers eine untergeordnete Rolle.

Eine derartige Kugellagerung ist für den Schiffskreisel des Peildampfers Schaarhörn, Hamburg, von den Deutschen Waffenfabriken ausgeführt und seit 1909 mit gutem Erfolg im Betrieb (Fig. 129). Der Stützdruck von 4000 kg wird durch ein Etagenlager von zwei Kugelreihen (je 20 Kugeln von 38 mm) aufgenommen. Die Tourenzahl beträgt 2000, die relative Tourenzahl der Stützlagerringe also,

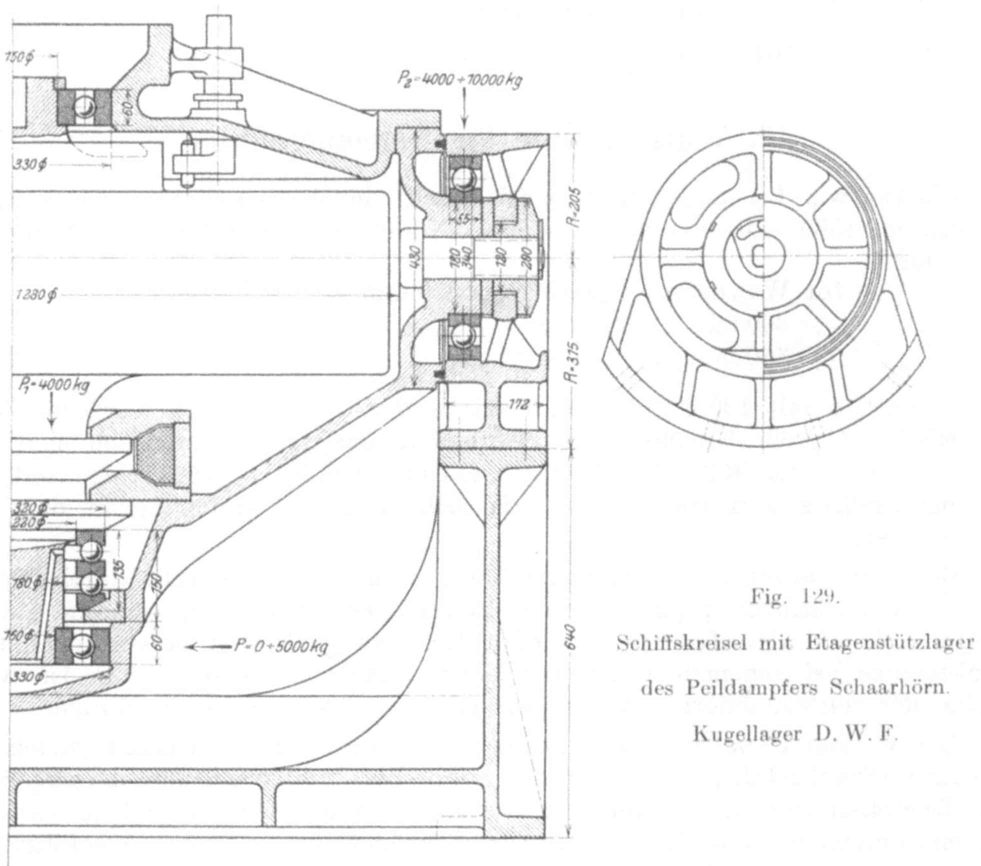

Fig. 129.

Schiffskreisel mit Etagenstützlager

des Peildampfers Schaarhörn.

Kugellager D. W. F.

etwa 1000. Die Radialdrücke betragen für die beiden Laufringsysteme von je 10 Kugeln, 41 mm Durchmesser, maximal je 5000 kg. Da jede Stützkugellagerreihe die Totallast von 4000 kg aufzunehmen hat, ergibt sich für die Stützlager als spezif. Kugelbelastung $k = \dfrac{4000}{20 \cdot 3,8^2} = 14{,}5$ (d in cm) und für die Laufringsysteme maximal $\dfrac{5000}{0,2 \cdot 10 \cdot 4,1^2} = 148$ (d in cm).

Der Kraftbedarf des Kreisels ergab sich als außerordentlich niedrig, bei voller Tourenzahl 4,5 PS; während der eine Stunde erfordernden Anlaufperiode allerdings den doppelten Betrag übersteigend.

Der rechnungsmäßige Arbeitsbetrag für die Lagerreibung bei $\mu = 0{,}0012$ und bei 4000 kg Stützdruck und 2000 bis 3000 kg Druck in jedem Traglager ist ca. 2,5 bis 3 PS. Demnach sind bei dem angegebenen Kraftbedarf von 4,5 PS $^1/_2$ bis $^2/_3$ des Kraftbedarfs Lagerreibungswiderstände.

Die Schmierung des Stützkugellagers erfolgt selbsttätig durch eine in den unteren Zapfen eingearbeitete Rille, durch die die Zentrifugalkraft fortlaufend Öl gegen die oberen Stützkugellagerteile treibt.

Ein Hubmagnet gestattet zwecks Kontrolle der Stützkugellager die Lager vollkommen zu entlasten.

Das Gesamtgehäuse des Kreisels ist auf beiden Seiten ebenfalls in Kugellagern aufgehängt, deren jedes einen zwischen 4000 bis 10000 kg schwankenden Druck aufzunehmen hat.

18. Zentrifugen.

Die ungleichmäßige Füllung der Trommel hat wegen der üblichen hohen Tourenzahl und der deswegen großen Zentrifugalkräfte beträchtliche Stöße und Druckschwankungen zur Folge, die wiederum die Ursache von Durchbiegungen sind. Die Gefahr, daß Kugeln verklemmt werden, ist verhältnismäßig groß. Aus diesem Grunde ist auf zuverlässige Selbsteinstellung der Lagerungen Gewicht zu legen. Unzuverlässige Wartung, Schmutz- und Staubgefahr, sind neben den hohen Tourenzahlen ein Grund dafür, die Lager sehr reichlich zu dimensionieren.

Die in Fig. 130 dargestellte Zentrifugenlagerung von C. Rudolph & Co., Magdeburg-Neustadt, zeichnet sich aus durch die Verwendung eines Ölstandsrohres nebst Anschlußrohr zum Füllen des Ölbades; schließlich durch leichte Auswechselbarkeit der Welle auf Grund von Gehäusen, die nach obenhin offen sind und gegen Staub lediglich durch die Wellenarmaturen (am oberen Ende durch die Trommelnabe, am unteren durch die Riemenscheibe) abgedichtet werden. Die abgebildete Zentrifuge hat folgende Betriebsdaten:

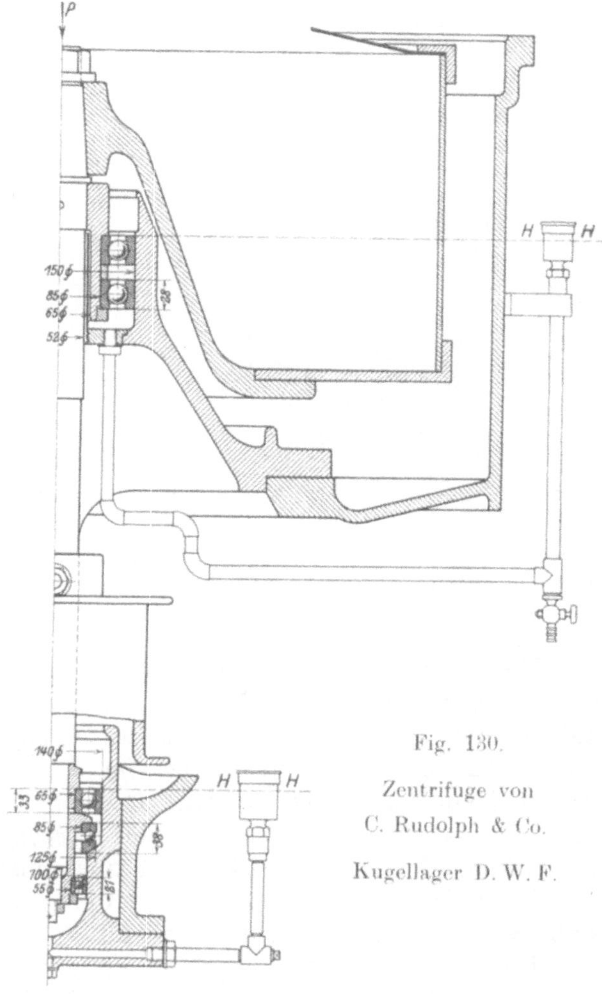

Fig. 130.

Zentrifuge von
C. Rudolph & Co.
Kugellager D. W. F.

Trommel-durchmesser	Gewicht der sich drehenden Zentrifugenteile	Gewicht der Zentrifugen-füllung	Touren pro Min.	Kugellager		Stütz-kugellager
				oben	unten	
1000 mm	500 kg	250 kg	1000	2 Syst. 217	1 Syst. 313 1 Syst. 211	1117

Die beiden oberen Systeme vermögen zusammen bei einer zulässigen Flächenpressung von $k = 105$ (d in cm) einen Druck von 1500 kg aufzunehmen, der gemäß der folgenden Gleichung bei

$$r = \frac{C \cdot 900}{G \cdot n^2} = \frac{1500 \cdot 900}{250 \cdot 1000^2} = 0{,}0055 \text{ m}$$

hervorgerufen wird, also wenn der Schwerpunkt der 250 kg betragenden Füllung bei normaler Betriebstourenzahl 5,5 mm außerhalb der Wellenachse liegt. Dabei ist vorausgesetzt, daß ungefähr der gesamte, aus den Zentrifugalkräften hervorgehende Druck durch die obere Lagerung aufgenommen wird. Die Schwerpunktentfernung von der Mittelachse darf also nur $^1/_{90}$ des Trommelradius betragen.

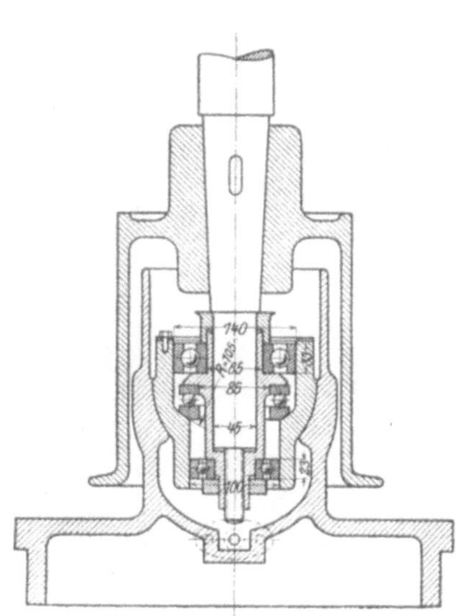

Fig. 130a.

Die Stützdrucke werden durch ein Stützlager 1117 (19 Kugeln $^5/_8''$) aufgenommen, das bei einer Totallast von 750 kg einer Kugelpressung von $k = 16$ (d in cm) ausgesetzt ist. Die

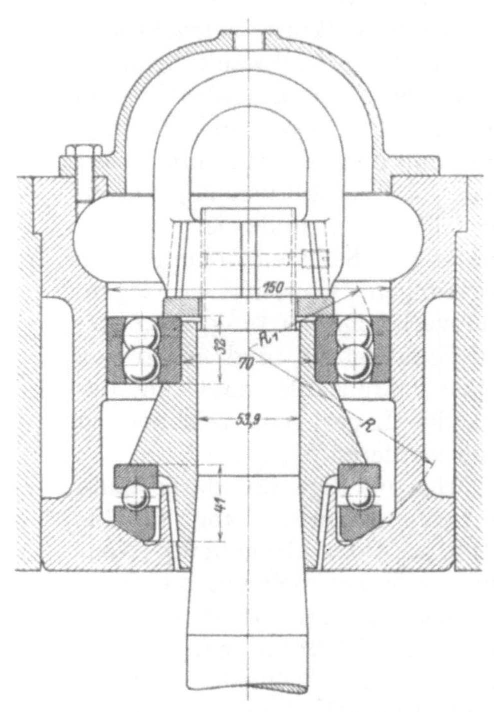

Fig. 131. Hängende Zentrifuge. Konstruktion der S. K. F.

Fig. 130a ist eine Variante, die den Vorzug hat, daß die Welle sich unter der Einwirkung der Zentrifugalkräfte besser einstellen kann.

Die Erfahrung hat gezeigt, daß die Wahl kleinerer Lager, als im vorliegenden Falle vorgesehen, sich nicht empfiehlt.

Die in Fig. 68 (S. 66) dargestellte Lagerung einer am oberen Ende aufgehängten, frei pendelnden Welle (Konstruktion: D. W. F.) hat den Vorzug, daß die Zentrifugalkräfte durch die Einstellung der Welle ausgeglichen werden. Durch den Riemenzug tritt eine unbeträchtliche Schräglage der Welle ein. Die Konstruktion gestattet ferner, das Lagergehäuse am unteren Ende völlig zu schließen, also ein sehr einfaches Ölbad herzustellen.

Eine in bezug auf die Möglichkeit des Schwenkens ähnliche Zentrifugenlagerung der S. K. F. zeigt Fig. 131. Es ist ein Stützkugellager mit kugelballiger Auflagefläche und ein Swenska-Traglager mit kugelballiger Laufbahn verwendet. Die Radien des Stützkugellagerballens und der Traglagerlaufbahn haben einen gemeinsamen Mittelpunkt, so daß die Welle im Gehäuse ohne Verklemmung geschwenkt werden kann. Die mit 800 Umdrehungen pro Minute laufende Zentrifuge nimmt eine Last von maximal 200 kg, bei einem Eigengewicht der rotierenden Zentrifugenteile von 600 kg auf, wobei das Stützkugellager von 19 Kugeln von 17,5 mm Durchmesser mit $k = 14$ (d in cm) belastet wird. Bei einem der sphärischen Laufbahn entsprechend angenommenen Belastungskoeffizienten von $k = 70$ (d in cm) ergibt sich als zulässiger Radialdruck bei 28 Kugeln von 19 mm Durchmesser

$$P = 0{,}2 \cdot 28 \cdot 1{,}9^2 \cdot 70 = 1400 \text{ kg}.$$

Während des Anfahrens erfährt die Welle durch die Zentrifugalkräfte einen minimalen Ausschlag, eine ungefähr kegelförmige Bahn beschreibend. Teils stellt sich das Stützlager auf Grund der balligen Auflage ein, teils gestattet die reichliche Dimensionierung auch ohne Überlastungsgefahr eine ungleichmäßige Druckverteilung. Selbst wenn während des Anfahrens nur $^1/_4$ der Stützlagerkugeln an der Aufnahme des Stützdruckes beteiligt ist, wird die spezifische Flächenpressung nur $k = 56$ (d in cm), was in Anbetracht der kurzen Zeitspanne und in Anbetracht dessen, daß die Zentrifuge beim Anfahren mit verminderter Tourenzahl läuft, zulässig ist.

19. Textilmaschinen.

Im Textilmaschinenbau steht dem Vorteil bedeutender Kraftersparnis, den die Verwendung von Kugellagern bietet, eine Reihe von Nachteilen gegenüber, die die Einführung von Kugellagern erschweren. Zu diesen Nachteilen gehört der Umstand, daß die Kugellager die Herstellung der betreffenden Maschinen erheblich verteuern, daß ihre Lebensdauer bei den auftretenden hohen Tourenzahlen gering ist und daß das in der Regel vorhandene Personal den höheren Ansprüchen, die die Kugellagerwartung stellt, nicht immer genügt. Schwierigkeiten, jedoch überwindbare, bietet die Forderung, daß sich der Innenring auch bei hohen Tourenzahlen und bei nicht stoßfreiem Betrieb nicht in die Welle einschneidet. Schließlich kommt hinzu, daß in vielen Fällen (für Spinnspindeln, Selfaktoren u. a.) der Raum im Durchmesser des Lagers so beschränkt ist, daß sich hinreichend tragfähige Lager nicht unterbringen lassen. Um billige und wenig Platz erfordernde Lager, die auch in bezug auf Wartung geringe Anforderungen stellen, zu erhalten, wird es in vielen Fällen nötig, Speziallager, die von den Normalien abweichen, anzufertigen.

Fig. 132 stellt beispielsweise ein Lager für Selfaktoren dar, bei dem der Außenring gleichzeitig als Lagergehäuse benutzt wird. Diese Maßnahme bringt eine Verbilligung und eine Beschränkung des Lagerdurchmessers mit sich. Die Innenringe sind gut saugend auf die Welle zu bringen und so weit gegen die Systeme zu schieben, daß keine seitliche Verschiebung möglich ist, daß aber auch keine seitlichen Überlastungen eintreten.

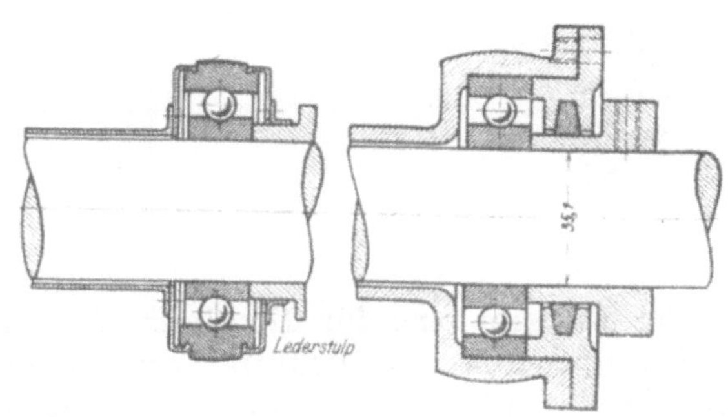

Fig. 132. Fig. 132a.

Selfaktorlagerungen. Konstruktion D. W. F.

Trotz der bedeutenden, etwa $30^0/_0$ betragenden Krafterspanis, die beispielsweise im Spindelbetriebe durch die Verwendung von Kugellagern erreichbar ist, haben sich die Kugellager für dieses Gebiet bisher nicht durchzusetzen vermocht, immerhin läßt sich sagen, daß hier Vorurteile mitspielen, deren Beseitigung im

Lauf der Zeit zu erwarten ist, insbesondere sollte die Frage genauer untersucht werden, ob die kürzere Lebensdauer nicht durch Energieersparnis mehr als wett gemacht wird.

Die bei Spinnspindeln in Frage kommenden hohen Tourenzahlen, die sich zuweilen über 10 000 pro Minute erheben, stehen in einem Abhängigkeitsverhältnis von den Reibungswiderständen in den Spinnspindellagerungen. Da diese Reibungswiderstände durch Kugellager vermindert werden, ermöglichen die Kugellager eine Erhöhung der Tourenzahl und damit eine Erhöhung der Leistungsfähigkeit der ganzen Spinnspindelanlage. Die Tourenzahl der Spinnspindeln darf nicht so hoch gesteigert werden, daß die Gefahr des Zerreißens des Spinnfadens besteht.

Fig. 133a zeigt eine Spinnspindel der Deutschen Kugellagerfabrik. Bei derselben bildet die Spinnspindel die innere Laufbahn des unteren Traglagers. Die Spindel ist axial nur in einer Richtung durch das obere Laufringsystem gehalten, welch letzteres das Spindelgewicht aufnimmt. Es ist möglich, die ganze Spindel ohne das untere Kugellager herauszuheben. Jedoch besteht hierbei die Gefahr, daß Fremdkörper in das Lagergehäuse eindringen. Bei der in Fig. 133b dargestellten Abweichung ist diese Gefahr stark eingeschränkt, ohne daß sich der Platzbedarf erhöht. Die Konstruktion bietet ferner die Möglichkeit, auch für den Innenring des unteren Lagers Laufrillen zu verwenden, wodurch die Lebensdauer erhöht wird. Ferner ist es nicht nötig, daß die Spindel selber gehärtet ist, da nur die Lager dem Verschleiß ausgesetzt werden.

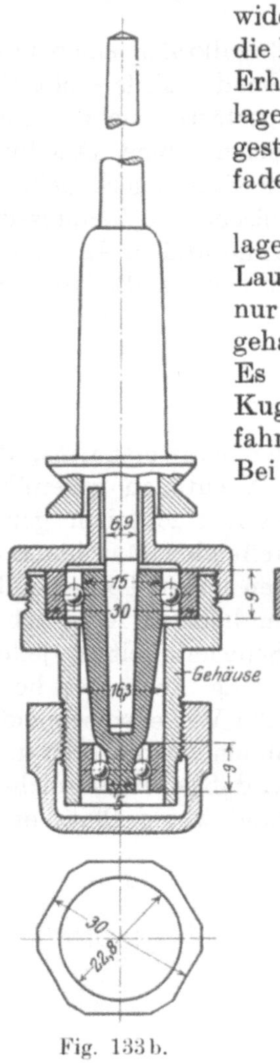

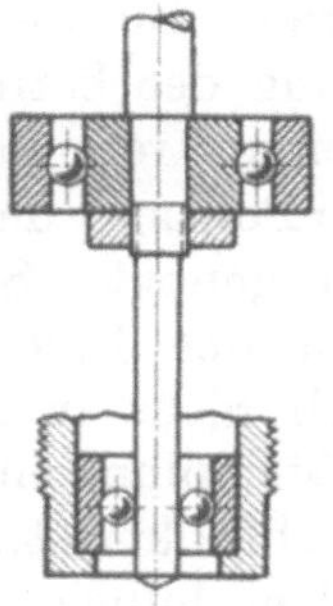

Fig. 133a.

Fig. 133b.

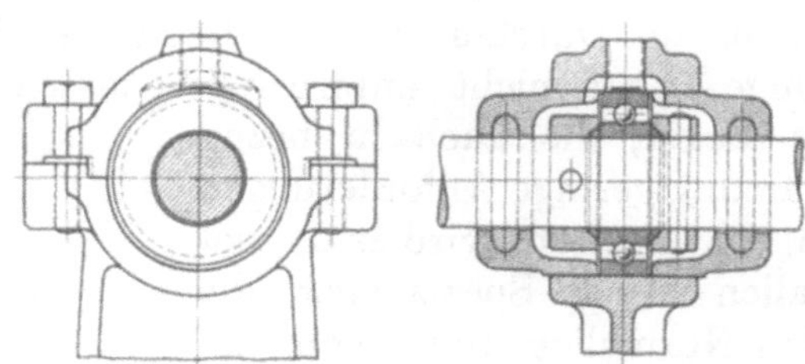

Fig. 134. Trommellagerung der Sächsischen Maschinenfabrik vorm. Rich. Hartmann, Chemnitz.

Fig. 134 gibt eine für Textilmaschinen bestimmte Trommellagerkonstruktion der Sächsischen Maschinenfabrik vorm. Richard Hartmann, Chemnitz, wieder, die durch große Auflageflächen das Einschneiden des Innenringes in die Welle verhindern und durch die Wahl einfacher seitlicher Fixierungen die Montagekosten verringern soll.

Anhang.

Rollenlager.

Obwohl die Entwicklung des modernen Präzisionsrollenlagers vor derjenigen des Kugellagers einsetzte, sind die Rollenlager heute von wesentlich geringerer Bedeutung als die Kugellager. Der Grund liegt darin, daß die Rollen mehr oder weniger der Gefahr ausgesetzt sind, sich schräg zu stellen oder zu „schränken“ und dann die Ursache von Verklemmungen, Überlastungen oder gar Zerstörungen werden können. Auch ist die Gefahr ungleichmäßiger Abnutzung der Rollen oder Laufbahnen von Bedeutung. Trotzdem sind Rollenlager für Spezialanwendungen so verbreitet, daß sie an dieser Stelle nicht ganz übergangen werden können. Vorwiegend eignet sich das Rollenlager für Wellen mit geringen Tourenzahlen, hohen Belastungen, geringer Durchbiegung. Zu den Anwendungsgebieten gehören u. a. die Automobilradlagerungen, für die beispielsweise in Amerika in ganz bedeutendem Umfange Rollenlager verwendet werden; speziell die mit konischen Rollen ausgerüsteten Timken-Rollenlager scheinen in hohem Maße befähigt zu sein, axiale Stöße aufzunehmen, weswegen sie sich als Automobilachslager großer Beliebtheit erfreuen. Auch wird die Gefahr des Schränkens anscheinend durch die konische Form der Rollen vermindert. Die Norma-Kompagnie sucht dem Schränken dadurch vorzubeugen, daß sie die Außenring-Laufbahn ihrer Rollenlager gewölbt ausführt; die Rollen sind dann in der Mitte stärker belastet als an den Rollenenden.

Rollenlager erfordern, um Schränken zu vermeiden und gleichmäßige Lastverteilung zu erreichen, in noch höherem Maße als Kugellager sehr genaue Herstellung.

Die Führung der Rollen im Käfig und in den Laufbahnen bringt gleitende Reibung mit sich, und zwar bleiben die Reibungskoeffizienten über denjenigen der Kugellager; auch sind sie in höherem Maße als diejenigen der Kugellager von der spezifischen Flächenpressung abhängig, je nach der Art der Lager und der Höhe der spezifischen Belastung den zwei- bis fünffachen Wert der Kugellagerreibungsziffern annehmend.

Die Belastung berechnet sich aus Rollenzahl n, Rollenlänge l, Rollendurchmesser d und Belastungskoeffizienten k durch die Gleichung:

$$P = 0{,}2 \cdot n \cdot k \cdot l \cdot d,$$

wobei k sehr schwankt und für geringe Tourenzahlen ($n = 100$ bei mittleren Lagern) unter günstigen Verhältnissen und unter der Voraussetzung, daß $d = l$ wird, doppelt so hoch angenommen werden kann als für Kugellager. Bei steigenden Tourenzahlen verschiebt sich das Verhältnis zugunsten der Kugellager und bei hohen Tourenzahlen scheidet die Verwendung des Rollenlagers ganz aus.

Ungehärtete Rollenlager finden, weil sie billiger und tragfähiger als ungehärtete Kugellager sind, für Feldbahn- und Grubenwagen vielfach Anwendung. Als Firmen, die Rollenlager ausführen, seien genannt:

The Timken Roller Bearing Co., London.
The Standard Roller Bearing Co., Philadelphia.
The Hyatt Roller Bearing Co., Newark (Amerika).
Norma-Compagnie, Cannstatt.
Norddeutsche Maschinen- u. Armaturenfabrik, Bremen (Moffet-Rollenlager).
Gebrüder Steimel, Hennef a. d. Sieg.
Kugelfabrik Fischer, Schweinfurt usw.